手机助农增收实操一本通

手机变农具，增收好帮手

陈　盛／主编

中华工商联合出版社

图书在版编目（CIP）数据

手机助农增收实操一本通：手机变农具，增收好帮手 / 陈盛主编． -- 北京：中华工商联合出版社，2023.2

ISBN 978-7-5158-3600-3

Ⅰ．①手… Ⅱ．①陈… Ⅲ．①信息技术－应用－农业 Ⅳ．① S126

中国版本图书馆 CIP 数据核字（2023）第 022436 号

手机助农增收实操一本通：手机变农具，增收好帮手

主　　编：陈　盛
出 品 人：刘　刚
责任编辑：于建廷　臧赞杰
装帧设计：周　源
责任审读：付德华
责任印制：迈致红
出版发行：中华工商联合出版社有限责任公司
印　　刷：北京毅峰迅捷印刷有限公司
版　　次：2023 年 2 月第 1 版
印　　次：2024 年 1 月第 3 次印刷
开　　本：850mm×1168 mm　1/32
字　　数：220 千字
印　　张：9
书　　号：ISBN 978-7-5158-3600-3
定　　价：26.90 元

服务热线：010-58301130-0（前台）
销售热线：010-58301132（发行部）
　　　　　010-58302977（网络部）
　　　　　010-58302837（馆配部）
地址邮编：北京市西城区西环广场 A 座
　　　　　19-20 层，100044
http://www.chgslcbs.cn
投稿热线：010-58302907（总编室）
投稿邮箱：1621239583@qq.com

工商联版图书
版权所有　盗版必究

凡本社图书出现印装质量问题，请与印务部联系。
联系电话：010-58302915

目录
Contents

手机助农增收实操一本通：手机变农具，增收好帮手

第一章

手机成为农民的新农具、好帮手

第一节　手机在农村得到普及

人们消费观念的改变，社交媒介的改变以及消费方式的改变从一定程度上解放了消费者对智能手机的购买思想和购买能力，直接扩大了智能手机的销量，促进了市场规模的快速增长。

随着智能手机技术的不断进步，智能手机的价格不断下降，加上农民收入逐年提高，智能手机在农村的普及率也日渐提高。由于人们对智能手机的诉求不再像功能手机那样单一，用手机上网、看视频、社交媒体等成为时下智能手机使用最多的功能。

中国互联网络信息中心（CNNIC）《中国互联网发展状况统计报告》显示，截至 2022 年 6 月，我国网民规模达 10.51 亿，互联网普及率为 74.4%；我国手机网民规模达 10.47 亿，农村网民规模达 2.93 亿，整体网民使用手机上网的比例为 99.6%，手机作为网民主要上网终端的趋势进一步明显。手机在农民中的广泛应用推动了农业智能化生产的进程。

2019 年，中共中央办公厅、国务院办公厅印发的《关于促进小农户和现代农业发展有机衔接的意见》中明确指出要实施"互联网＋小农户"计划，加快农业大数据、物联网、移动互联网、人工智能等技术向小农户覆盖，提升小农户手机、互联网等应用技能，让小农户搭上信息化快车。推进信息进村入户工程，建设全国信息进村入户平台，为小农户提供便捷高效的信息服务。鼓励发展互联网云农场等模式，帮助小农户合理安排生产计划、优化配置生产要素。5G 技术推广普及，使得移动互联网在促进经济发展方面的作用将会越加凸显。在"十四五"时期，"移动互联网＋农业"将进一步赋能农业农村现代化。以智能手机等移动终端设备上网已成为农民连接互联网的主要方式。当前全国行政村移动网络覆盖率已经超过 98%，同时超过 55% 的农民个体已使用智能手机上网。在农户家庭层面，使用智能手机上网的比例更高，根据调查，大概 70% 至 85% 的农户家庭拥有至少一部智能手机。与传统互联网相比，基于智能手机的移动互联网通信和信息获取并不受地域和时间的限制，而且操作方便快捷，因此受到了广大农民青睐，成为农民上网主要渠道。为加强农民智能手机应用能力，提升农业农村生产、服务、管理信息化与智能化水平，促进小农户与大市场之间的有机衔接，中央和地方各级政府有关部门推动开展了相关的培训工作，帮助农民更好地学会智能手机的使用，让智能手机真正助力农业生产。2021年6月21日，农业农村部在京举办2021年度全国农民手机应用技能培训周启动活动，活动上发布了2021年度全国农民手机应用技能培训方案，推介了《手机助农新十招》口袋书，启动了"新农具助力乡村美好生活"微短视频征集等系列活动，本次培训周以"新农具服务农民美好生活"为主题，举办17场专题活动。

智能手机的应用能给广大农民带来生活、生产上的极大便利：农民可以及时发现新品种、应用新技术，科学防控动植物疫病，提高农业生产科技含量；农民利用手机进行电子商务活动，在平台上销售农产品，促进产销精准对接，实现优质优价；扩大农民购买农业生产资料和生活消费品的渠道，通过更广泛的比价，降低生产生活成本；让农民享受更加灵活便捷的在线教育、医疗挂号、就业培训、贷款保险、生活缴费等公共服务，促进城乡公共服务均等化。尤其在农业生产上，移动互联网赋能小农户对接大市场，促进了生产要素的优化配置与农业经济转型。移动互联网和传统农业结合后能有效地减少农业生产的信息不对称。一方面，有利于降低农业信息搜寻成本，加快信息流通速度，农户在农业产业各个环节的决策得到优化，农业资源配置和组织管理效率得到提高；另一方面，农业生产新技术在各个环节中的推广和应用得到加强，有助于新技术在农村地区的传播，促进传统农业向现代农业转变。

第二节　手机在"互联网＋农业"中大展身手

　　手机顺应"互联网＋农业"的新潮流，拓展了农业的发展空间，消费者通过互联网与农户沟通，质量靠得住的农产品能够得到更快、更广的传播推广，用户安心又放心，农户省时又省力，实现了互利共赢。农业抓住这个重大发展的大机遇对产业链全要素进行重组，这让"靠天吃饭"的农企最大限度地降低了产品销售风险。互联网的开放、快速、传播特性，则逼着农企更加注重品牌、特色，挖掘文化内涵，树立起农业的形象。

　　随着农产品电商趋势的进一步深化、加速，线上消费习惯的形成，手机移动端会持续发力，去中心化进一步明显。虽然农村网民数量增长快速，但由于我国各地农村经济发展水平不一，农民电脑操作水平有限，信息公路"最后一公里"的问题在农村还是特别突出。随着手机在我国的普及，农村手机数量也有很大的增长。手机的普遍和简便的操作优势，为解决农村信息"最后一公里"问题带来信息的契机。传统营销模式销售面比较窄，销售成本高，品牌知名度也受到一定局限，农产品虽然好，但是由于分散经营带来的品牌优势不突出，却无法得到广大消费者的喜爱。农业手机移动互联网的诞生，为农企和农副产品在线上和线下结合创造了一个良好的交易平台。

"互联网＋农业"可以分为智能生产和智慧生活，生产包括生产、供应和金融，智慧生活涉及购物、教育、医疗、政务，目前各个细分领域之中已有相应的产品出现。

以生产环节为例，微信公众号及手机QQ等社交平台可帮助公共卫生部门迅速收集信息，及时了解病虫害传播情况，及时作出部署，实现大范围信息告知，调动最广泛的群众力量，保卫粮食安全。湖南怀化辰溪县谭家场乡农技站利用微信平台及时发布病虫预报，让农民及时掌握农作物病虫发生发育情况，及时用药、正确用药、提高防效，深得农民朋友的好评。

"互联网＋农业"不仅推进了科学知识的普及，提高了生产效率，也为互联网创业者提供了新的机会。例如，通过服务于农民智能养殖的系统，建立一个科学的喂养体系，定时定点告诉农民该做什么，什么时候喂水、给饲料，根据该智能系统养牛，产奶量能提升50%，这给农民带来了实实在在的好处。

"互联网＋农业"还可以将技术开发者和农业生产者的智慧结合起来，携手"创造无限可能"，比如腾讯云的数据储存及计算功能，可帮助储存粮食历史数据，动态分析作物生长情况，微信可以将手机与智能设备、农业机械相连，用户可通过手机远程操控农业机械，实现智能生产。微信还可以帮助农民交流、分享种植经验，定向推送行业生产知识，提供远程农业诊断服务。河北省肃宁县绿苑蔬菜专业合作社建立微信群，及时共享相关种植技术和病虫害预防知识，每年培育优质蔬菜种苗5000多万株，带动5000余户农户种植蔬菜增收致富，崇仁县农民王某通过手机微信，给县植保专家发了一张自家稻田水稻病虫害的图片。几分钟后，王某就收到专家做出的诊断和科学防治建议。

"互联网＋农业"是充分利用移动互联网、大数据、云计算、物联网等新一代信息技术与农业的跨界融合，创新基于互联网平台的现代农业新产品、新模式与新业态。农业手机互联网将给农业带来新的发展机遇，产生多种农业生产、信息获取、产品销售的复合型新形态。它为用户提供的是个性化定制服务，是新农业生产革新的有力手段。

第二章

手机助力农村电子商务大发展

第一节 农村电子商务的意义与应用模式

农业是国民经济的基础。任何社会的存在和发展，任何其他经济、社会部门的发展，都必须以农业的发展为基础和始端。农业是无可代替的产业，农业的发展程度影响着时代的变化，所以任何时候农业都具有重要的战略发展意义。

移动互联网时代，智能手机的广泛应用已经彻底改变和颠覆了人们的工作、生活甚至思维方式，给农业带来了全新的机遇和挑战。利用智能手机助推农业产品走向千家万户，农业从业人员迅速开展电子商务活动成为农业产业链效率提升的新途径。

一、农业电子商务的意义

农业是典型的传统行业，具有地域性强、季节性强、产品的标准化程度低、生产者分散且素质较低等特点，具有较大的自然风险和市场风险。电子商务是通过电子数据传输技术开展的商务活动，能够消除传统商务活动中信息传递与交流的时空障碍。发展农业电子商务，将有效推动农业产业化的步伐，促进农村经济发展，最终打破地域、时空限制来降低传统农业交易方式的成本。

二、我国农业电子商务的应用模式

（一）信息联盟服务商务模式

农业信息具有季节性、地域性和综合性的特点。季节性指的是农业生产具有较强的季节性，信息服务必须有时间观念；地域性指的是我国各地气候、土壤等自然条件存在差异，农作物种植方式、品种分布均呈现地域性分布，信息服务要具有地域性；综合性指农业信息涉及许多方面、许多领域，包括政务信息（政策法规、政务通告等）、商务信息（价格信息、市场行情等）、文化生活信息、劳务信息、种子信息、化肥信息、农药信息、农机信息等，信息服务要具有全面性。

现在，农业领域的信息尚缺乏科学分类和标准，任何一个企业开展电子商务都会遇到困惑。只有依托现代信息技术的强大优势，在政府有关部门和单位支持下，科学分类、制定标准，建立农业网站信息服务联盟，构建农业领域综合信息平台，联合国内各区域、各部门的涉农网站，实现资源共享、信息互通、利益均沾、共同盈利，才能为广大农民谋求最大的利益。

（二）农民信息服务商务模式

这是投资建立农业电子商务网站最先想到的模式。农业电子商务网站的建立，在一定程度上满足了农民的信息需求，特别是像广东农业信息网这类网站的建立，使得农民能够了解更多的市场信息，并利用网络来销售农产品，给广大农民带来更多的销售机会，增加了农民的收入，受到农民的欢迎。

1. 短信商务模式

农业信息短信服务模式伴随着现代网络信息技术的发展而出现，主客体包括信息内容提供商（ICP）、网络服务提供商（ISP）和手机客户（即农民或广大涉农生产经营者）。这种模式在我国许多地方广泛运行，如安徽农网和安徽移动通信公司联合开展此项业务，中国移动的农信通等。这种模式的优点在于能充分利用现代网络信息技术和无线通信技术，可服务内容丰富，直接面向农民，减少了中间环节，效率较高，投入较小，产出效益较大。缺点是：没有得到很好推广，了解的人不多，由于收费问题农民接受还需要一个过程；再者操作的难易度、信息的分类标准和农民手机的持有量也是制约它发展的一大因素。从我国短信发展历史来看，这种服务模式蕴藏着巨大商机，主要应在信息分类、信息标准等方面下功夫，让农民自主点发，完善个性服务。

2. 农村经纪人商务模式

我国农村经纪人在农业经济活动中非常活跃，在传播信息、促进农产品流通方面起到了不可估量的作用。农村经纪人一般具有接受新事物快、交流广泛、熟悉市场、了解政策、具有一定的经济能力等特点，他们对信息的需求比普通农民要强烈、执着，也有能力为获取有价值的信息支付一定的费用，农村经纪人是农业信息服务的主要对象之一。农村经纪人商务模式的代表之一就是中国农民经纪人网。

3. 会员商务模式

这种模式主要是农业网站面向广大的农村市场，建立网站会员制度吸引农村经济组织、经纪人和农民的积极参与。要创造机会，让会员得到实惠。会员商务模式的经营者为了将会员的积极性调动起来，必然会积极主动地和涉农相关部门合作，想方设法，通过各种渠道获取农业信息内容，而且会验证这些信息的真伪性，对客户负责。急需这些信息的客户们只需花很少的钱就能获得全部信息内容，从而获利，实现双赢。会员在得到信息的同时，也为网站带来源源不断的信息流、创造了无限商机。会员可以帮助农民发布信息、收集农民所需的信息。这种模式的优点在于不需要多大的投入，而且能发动与农业有关的组织等力量参与，随着业务的开展，效益也会越来越大，越来越明显，可行性也越来越强。可以预计，这将是农业网站电子商务最具潜力的一种模式。

（三）企业信息服务商务模式

这种模式的主要服务内容包括：按各行业分类发布最新动态信息，会员还可以分类订阅最新信息，直接通过电子邮件接受价格行情，提供企业最新产品报价和市场价格动态信息；为会员提供商业服务，如物流、会计、信用调查、保险、税务、贸易代理等咨询和服务。这些项目为用户提供了充满现代商业气息、丰富实用的信息，构成农业网站商务的主体。该模式也可以细分为：

1. 农产品加工及贸易企业的信息服务商务模式

我国农产品加工及贸易企业绝大多数是中小企业，数量庞大，分布在城市边缘或广大的乡村，由于信息闭塞，无法及时掌握供求方面的信息，因此企业渴望从网上获得农产品供求信息。我国农业生产存在规模小、销售渠道不畅，甚至有些地方农产品存在卖不出去的问题。农业网站必须成为供需双方之间的信息桥梁，让农产品能够迅速找到买家，让农产品加工和贸易企业迅速找到所需的农产品，这样才能赢得企业、农民对农业网站市场信息的依赖，在此基础上，进一步发展网上贸易。如农业领域的"一站通"网站就是一个很好的服务平台，每天会发布大量的农产品供求信息，但由于网站栏目设计和网站功能比较简单，还没有引起农产品加工和贸易企业的高度重视。下一步，还必须不断调研了解客户需求，完善"一站通"功能，使栏目设计更加合理、规范，利于应用。同时，对"一站通"发布的农产品信息要进行深加工，综合处理分析后，按地域、品种等分类发给相关企业。同时，农业网站应采用多种语言界面去面对国内和国外的市场。

2.农用生产资料企业的信息服务商务模式

农业生产需要大量的生产资料，如化肥、农药、种子等。农业生产资料企业的产品面向广阔的农村市场，在市场推广、产品销售方面花费了大量的人力、物力，在电视、广播、报刊、乡村墙壁等发布了大量的广告，花费巨大，往往效果不一定很好。农业网站可以利用多媒体信息技术，面向广大农民，为这类企业发布广告、通过邮件发往网站的农村会员，由于农业网站的服务主体是农民，利用这种形式发布广告，直接面对需求者，具有非常强的针对性。

（四）综合服务商务模式

上述三种模式主要是提供服务，不涉及物流。而综合服务模式是以信息流为先导，结合物流的一种商务模式。任何一种商务模式，要么提供服务，要么提供产品，或者两者兼之。综合服务模式的核心内容是信息流和物流相结合，利用企业传统的物流系统，加上农业网站先进的信息流系统，组成商业联盟，网站会员购买联盟企业的产品实行优惠加积分制，每年根据积分多少，给予会员一定的返利。

三、我国农业电子商务存在的问题

自中国农业信息网和中国农业科技信息网相继开通以来，信息技术在农业领域的发展极其迅速。目前信息技术在农业的应用研究与推广取得了显著成效。如我国的一些地区建立了部分农业综合数据库，研制开发了各类应用系统，其中以粮棉油为主的信息技术取得了较大成果。我国还利用信息通信、数据库及查询等技术，建成了专业涵盖面宽、信息存储及处理和发布能力较强、信息资源丰富及更新量较大的中国农业信息网，联网用户已有数千家。但是从总体上来看，我国农业信息化还存在人才缺乏、体系不健全的问题。虽然一般县级以上的各级政府绝大多数都有关于农业信息的网站，但也暴露了不少问题，如提供信息的时效性差，针对性不强，发布的信息内容以生产信息、实用科技信息居多，而市场信息、供求信息和农村经济信息偏少，缺乏主要农产品的生产、销售、存储、加工的实时市场信息，整体难以准确把握农业电子商务的交易。

第二节　农村电子商务的发展状况

农村电子商务是指利用因特网、计算机等现代信息技术，为从事涉农领域的生产经营主体提供在网上完成产品或服务的销售、购买和电子支付等业务交易的过程。这种新的商务模式能推动农产品的生产和销售，提高农产品的知名度和竞争力，是新农村建设的催化剂。

近年来，在国家乡村振兴战略和相关重大政策、重大项目的推动下，农村电商不断创新发展，各种新业态新模式持续涌现，直播电商、网红带货、社区团购、农旅直播等新业态新模式在县域掀起热潮。

2021年全国县域数字农业农村发展水平评价报告显示，2020年全国县域农产品网络零售额为7520.5亿元，占农产品销售总额的13.8%，比2019年增长了3.8个百分点。农村居民在电子商务中更加注重个性化、品牌化、多元化的消费体验，农村市场的消费潜力不断释放；电子商务使得城镇居民可以便捷地选择全国各地特色优质农产品，交易环节减少，地域、时间限制消除，购买体验持续升级。2020年，我国电商物流农村业务量指数保持增长态势，全年均高于电商物流指数。2020年，全国共建成县域电商公共服务中心和物流配送中心2120个，村级电商服务站点13.7万个，物流集中，进一步降低了快递成本。全国在基本实现快递网点乡镇全覆盖的基础上，将快递直投到村比例提升至超过50%。农村地区揽收和投递快递包裹量超过300亿件。农村地区邮政快递业务量比重达36%，比2019年提高12个百分点，进一步解决了"最后一公里"问题。

面对高速增长、潜力无穷的网络市场，依托电商平台打造农业品牌，不断提升农产品价值成为促进农业增效、农民增收的重要手段。数据显示，消费者对区域公用品牌农产品复购率高于25%，农业品牌消费者忠诚度不断提升。

农村电子商务将传统的商务流程电子化、数字化。一方面电子流代替了实物流，可以大量减少人力、物力，降低了成本；另一方面突破了时间和空间的限制，突破了传统交易必须在固定的时间、地点进行的限制，使交易活动可以在任何时间、地点进行，从而大大提高了效率。

虽然现阶段农村电商在不断地蓬勃发展，但一些问题却不可回避。据统计，当前的涉农电子商务中，还有不少出现亏损的问题。这种结果与农产品整体质量不高、平台销售产品的质量标准不统一等因素密切相关。另外，受自然条件的影响，农产品的生产和农用品的需求具有很大的不可预知性，农产品生产区域和生产者相对分散，农产品附加值较低，农产品不耐久存，农产品种类繁多而品质评价的主观因素较强，这些因素极大地阻碍着农产品生产产业化和流通现代化，是实现农村电子商务的难点。

为解决农村电子商务中存在的突出问题，构建以质量为核心的农产品溯源体系，打造区域特色农村品牌成为必由之路。为提升消费者对农产品的信心，切实提高农产品的质量水平，应依托农村电商服务中心，构建以家庭农场、专业大户、农民合作社、农业产业化龙头企业等新型农业经营主体为支点的全农村电商网络交易平台。在此基础上，以农村电商网络交易平台为基础倒逼新型农业经营主体参与共同构建农村农产品源头溯源体系，通过溯源体系，可以为消费者获得高质、健康、营养的农产品提供保障。同时，优先发展具有比较优势或区域特色的农产品电子商务，一方面要从包装、标志、运输、贮存全面规范农产品的生产、销售全过程，提升农产品的附加值，另一方面要依托互联网营销模式打造出特色农产品品牌，实现以特色农产品发展带动一般产品发展的有层次、有梯度的农村电商发展模式。要提升消费者对农产品质量的信任度、对农产品品牌的辨别度，进一步规范农产品的网络销售市场。

要构建以市场为导向的农村电商大数据中心，优化我国农业供给结构。为实现农产品去库存、调结构的供给侧改革目标，应以农村电商网络交易平台为基础，构建"农户—大数据中心—消费者"三位一体的农村电商大数据中心，实现网络信息的共享与反馈。首先，政府或第三方机构可以牵头成立农村电商网络交易大数据中心，在分析农产品交易大数据的基础上，为农户提供不同地域、不同类型消费者对各项农产品的需求信息。其次，农户根据市场供求信息，结合自身实际，自发地调整农业生产结构，制订科学合理的生产计划，包括对农产品的类型、产量、面积等的调整，以对接市场需求，进一步优化农业供给结构。同时，政府应主导构建一个公开、透明、交互、共享的农产品开源信息反馈平台，农户与消费者均可通过平台进行信息共享与反馈，获得服务与帮助，以打破信息不对称的困局。在此平台上，农户可以将自身在生产、流通、销售等环节中遇到的问题或者好的解决方法进行分享，通过开源式的讨论获得帮助；而消费者可以通过平台发布个性化的需求信息，或及时反馈对所购买农产品的意见与建议，包括对农产品的品质、农户的服务态度、物流反应时间等进行评价。

第三节　农村电子商务系统组成

电子商务系统是保证以电子商务为基础的网上交易实现的体系。而农业电子商务系统是电子商务系统的一个重要分支，其交易内容是涉农物资及信息。

一个完整的电子商务系统在互联网信息系统的基础上，由参与交易的主体信息化企业、信息化组织，使用互联网的消费者主体，提供实物配送服务和支付服务的机构，以及提供网上商务服务的电子商务服务商组成。由上述几部分组成的基础电子商务系统，将受到一些市场环境的影响，这些市场环境包括经济环境、政策环境、法律环境和技术环境等四个方面。

（一）电子商务系统的逻辑组成

电子商务系统是由基于 Intranet（企业内部网）的企

业管理信息系统、电子商务站点和企业经营管理组织人员组成。

1.企业内部网络系统

当今时代是信息时代，而跨越时空的信息交流传播是需要通过一定的媒介来实现的，计算机网络恰好充当了信息时代的"公路"。计算机网络是通过一定的媒体如电线、光缆等，将单个计算机按照一定的拓扑结构联结起来的，在网络管理软件的统一协调管理下，实现资源共享的网络系统。

根据网络覆盖范围，一般可分为局域网（Local Area Network，LAN）和广域网（Wide Area Network，WAN）。由于不同计算机硬件不一样，为方便联网和信息共享，需要将互联网的联网技术应用到 LAN 中组建企业内部网，它的组网方式与互联网一样，但使用范围局限在企业内部。为方便企业同业务紧密的合作伙伴进行信息资源共享，为保证交易安全在互联网上通过防火墙来控制不相关的人员或非法人员进入企业网络系统，只有那些经过授权的成员才可以进入网络，一般将这种网络称为企业外部网。如果企业的信息可以对外界进行公开，那么企业可以直接连接到互联网上，实现信息资源最大限度的开放和共享。

企业在组建电子商务系统时，应该考虑企业的经营对象是谁，如何采用不同的策略通过网络与这些客户进行联系。一般说来，可以将客户分为三个层次并采取相应的对策。对于特别重要的战略合作伙伴关系，企业允许他们进入企业的内部网系统直接访问有关信息；对于与企业业务相关的合作企业，企业同他们共同建设外部网以实现企业之间的信息共享；对普通的大众市场客户，则可以直接连接到互联网。由于互联网技术的开放、自由特性，在互联网上进行交易很容易受到外来的攻击，因此企业在建设电子商务时必须考虑到经营目标的需要，以及保障企业电子商务安全。否则，可能由于非法入侵而妨碍企业电子商务系统的正常运转，甚至会出现致命的危险后果。

2. 企业管理信息系统

企业管理信息系统是功能完整的电子商务系统的重要组成部分，它的基础是企业内部信息化，即企业建设有内部管理信息系统。企业管理信息系统是一些相关部分的有机整体，在组织中发挥收集、处理、存储和传送信息，以及支持组织进行决策和控制的作用。企业管理信息系统的最基本系统软件是数据库管理系统 DBMS （Database Management System），它负责收集、整理和存储与企业经营相关的一切数据资料。

从不同角度，可以对信息系统进行不同的分类。根据具有不同功能的组织，可以将信息系统划分为营销、制造、财务、会计和人力资源信息系统等。要使各职能部门的信息系统能够有效地运转，必须实现各职能部门的信息化。例如，要使网络营销信息系统能有效运转，营销部门的信息化是最基础的要求。一般为营销部门服务的营销管理信息系统的主要功能包括：客户管理、订货管理、库存管理、往来账款管理、产品信息管理、销售人员管理以及市场有关信息收集与处理。

根据组织内部不同的组织层次，企业管理信息系统可划分为四种信息系统：操作层、知识层、管理层、战略层系统。操作层管理系统支持日常管理人员对基本经营活动和交易进行跟踪和记录，如销售、现金、工资、原材料进出、工时等数据。系统的主要原则是记录日常交易活动、解决日常规范问题，如销售系统中今天销售多少、库存多少等基本问题。知识层系统用来支持知识和数据工作人员进行工作，帮助公司整理和提炼有用信息和知识。信息系统可以减少对纸张的依赖，提高信息处理的效率和效用，如销售统计人员进行销售情况的统计和分析，供上级进行管理和决策使用，解决的主要是结构化问题。管理层系统的设计用来为中层经理的监督、控制、决策以及管理活动提供服务，管理层提供的是中期报告而不是即时报告，主要用来管理业务进行如何、存在什么问题等，充分发挥组织内部效用，主要解决半结构化问题。战略层主要是注视外部环境和企业内部制订规划的长期发展方向，关心现有组织能力能否适应外部环境变化，以及企业的长期发展和行业发展趋势问题，这些通常是非结构化问题。

3. 电子商务站点

电子商务站点是指在企业内部网上建设的具有销售功能的，能连接到互联网上的万维网站点。电子商务站点起着承上启下的作用，一方面它可以直接连接到互联网，企业的顾客或者供应商可以直接通过网站了解企业信息，并直接通过网站与企业进行交易；另一方面，它将市场信息同企业内部管理信息系统连接在一起，将市场需求信息传送到企业管理信息系统，然后，企业根据市场的变化组织经营管理活动；它还可以将企业有关经营管理的信息在网站上进行公布，使企业业务相关者和消费者可以通过网络直接了解企业的经营管理情况。

企业电子商务系统是由上述三个部分有机组成的，企业内部网络系统是信息传输的媒介，企业管理信息系统是信息加工、处理的工具，电子商务站点是企业拓展网上市场的窗口。因此，企业的信息化是一个复杂的系统工程，它直接影响着整个电子商务的发展。

4. 实物配送

进行网上交易时，如果用户与消费者通过互联网订货、付款后，不能及时送货上门，便不能实现满足消费者的需求。因此，一个完整的电子商务系统，如果没有高效的实物配送物流系统支撑，是难以维系交易顺利进行的。

5. 支付结算

支付结算是网上交易完整实现的很重要一环，关系到购买者是否讲信用，能否按时支付；卖者能否按时回收资金，促进企业经营良性循环的问题。一个完整的网上交易，它的支付应是在网上进行的。但由于目前电子虚拟市场尚处在演变过程中，网上交易的诸多问题尚未解决，如信用问题及网上安全问题，导致许多电子虚拟市场交易并不是完全在网上完成交易的，许多交易只是在网上通过了解信息撮合交易，然后利用传统手段进行支付结算。在传统的交易中，个人购物时的支付手段主要是现金，即一手交钱一手交货的交易方式，双方在交易过程中可以面对面地进行沟通和完成交易。网上交易是在网上完成的，交易时交货和付款在空间和时间上是分割的，消费者购买时一般必须先付款后送货，可以采用传统支付方式，亦可以采用网上支付方式。

上述五个方面构成了电子虚拟市场交易系统的基础，它们是有机结合在一起的，缺少任何一个部分都可能影响网上交易的顺利进行。互联网信息系统保证了电子虚拟市场交易系统中信息流的畅通，它是电子虚拟市场交易顺利进行的核心。企业、组织与消费者是网上交易市场的主体，实现其信息化是网上交易顺利进行的前提，缺乏这些主体，电子商务就失去了存在的意义，也就谈不上网上交易。电子商务服务商是网上交易顺利进行的手段，它可以推动企业、组织和消费者上网并更加方便地利用互联网进行网上交易。

实物配送和网上支付是网上交易顺利进行的保障，缺乏完善的实物配送及网上支付系统，将阻碍网上交易完整地完成。

（二）电子商务系统的功能组成

企业通过实施电子商务实现企业经营目标，需要电子商务系统能够提供网上交易和管理等全过程的服务。因此，电子商务系统应具有广告宣传、咨询洽谈、网上订购、网上支付、电子账户、货物传递、意见征询、业务管理等各项功能。

1. 广告宣传

电子商务可凭借企业的 Web 服务器和客户的浏览，在互联网上发布各类商业信息。客户可借助网上的检索工具迅速地找到所需商品信息，而商家可利用网页和电子邮件在全球范围内做广告宣传。与以往的各类广告相比，网上的广告成本更为低廉，而给顾客的信息量却更为丰富。

2. 咨询洽谈

电子商务借助非实时的电子邮件、新闻组和实时的讨论组来了解市场和商品信息，洽谈交易事务，如有进一步的需求，还可用网上的白板会议来交流即时的图形信息。网上的咨询和洽谈能超越人们面对面洽谈的限制，提供多种方便的异地交谈形式。

3. 网上订购

电子商务可借助万维网中的邮件或表单交互传送信息，实现网上的订购。网上订购通常都在产品介绍的页面上提供十分友好的订购提示信息和订购交互格式框。当客户填完订购单后，通常系统会回复确认信息来保证订购信息的收悉。订购信息也可采用加密的方式使客户和商家的商业信息不会泄漏。

4. 网上支付

电子商务要成为一个完整的过程，网上支付是重要的环节。客户和商家之间可采用多种支付方式，省去交易中很多人员的开销。网上支付需要更为可靠的信息传输安全性控制，以防止欺骗、窃听、冒用等非法行为。

5. 电子账户

网上的支付必须要有电子金融来支持，即银行、信用卡公司等金融单位要为金融服务提供网上操作的服务。

6. 货物传递

对于已付了款的客户应将其订购的货物尽快地传递

到他们的手中。如有些货物在本地，有些货物在异地，能在网络中进行物流的调配。而最适合在网上直接传递的货物是信息产品，如软件、电子读物、信息服务等。它能直接从电子仓库中将货物发到用户端。

7. 意见征询

电子商务能十分方便地采用网页上的"选择""填空"等格式文件来收集用户对销售服务的反馈意见。这样，使企业的市场运营能形成一个封闭的回路。客户的反馈意见不仅能提高售后服务的水平，更能使企业获得改进产品、发现市场的商业机会。

8. 业务管理

企业的整个业务管理将涉及人、财、物多个方面，如企业和企业、企业和消费者及企业内部等各方面的协调和管理。因此，业务管理是涉及商务活动全过程的管理。

第四节　农业电子商务相关政策

为了给农业电子商务创造良好的社会环境，我国政府从中央到地方都出台了许多支持农业电子商务发展的政策，以帮助农村加快发展电子商务。

2021 年中央一号文件提出，加快完善县乡村三级农村物流体系，改造提升农村寄递物流基础设施，深入推进电子商务进农村和农产品出村进城，推动城乡生产与消费有效对接。2022 年中央一号文件提出，持续推进农村一二三产业融合发展，鼓励各地拓展农业多种功能、挖掘乡村多元价值，重点发展农产品加工、乡村休闲旅游、农村电商等产业；实施"数商兴农"工程，推进电子商务进农村；促进农副产品直播带货规范健康发展。

在顶层设计方面，商务部、中央网信办和发展改革委研究编制了《电子商务"十四五"发展规划》，明确要将电子商务与一二三产业加速融合，全面促进产业链供应链数字化改造，成为助力传统产业转型升级和乡村振兴的重要力量。

规划指出电子商务要服务乡村振兴，带动下沉市场提质扩容。具体包括：

培育农业农村产业新业态。推动电子商务与休闲农业、乡村旅游深度融合，深入发掘农业农村的生态涵养、休闲观光、文化体验、健康养老等多种功能和多重价值，发展乡村共享经济等新业态。提高农产品标准化、多元化、品牌化、可电商化水平，提升农产品附加值。鼓励运用短视频、直播等新载体，宣传推广乡村美好生态，创新发展网络众筹、预售、领养、定制等产销对接新方式。

推动农村电商与数字乡村衔接。统筹政府与社会资源，积极开展"数商兴农"，加强农村电商新型基础设施建设，发展订单农业，赋能赋智产业升级。支持利用电子商务大数据推动农业供给侧结构性改革，加快物联网、人工智能在农业生产经营管理中的运用，完善农产品安全追溯监管体系，促进数字农业发展。衔接农村普惠金融服务，推动互联网支付、移动支付、供应链金融的普及应用。

培育县域电子商务服务。大力发展县域电商服务业，引导电子商务服务企业建立县域服务机构，辐射带动乡村电子商务产业发展。创新农产品电商销售机制和模式，提高农产品电商销售比例。支持农村居民立足农副产品、手工制品、生态休闲旅游等农村特色产业，开展多种形式的电子商务创业就业，促进特色农产品电子商务发展。推进"互联网＋高效物流"，健全农村寄递物流体系，深入发展县乡村三级物流共同配送，打造农村电商快递协同发展示范区。创新物流支持农村特色产业品质化、品牌化发展模式，提升农村产业化水平。

在电子商务助力乡村振兴方面，《电子商务"十四五"发展规划》也提出了几项重要举措。

1. "数商兴农"行动。

引导电子商务企业发展农村电商新基建，提升农产品物流配送、分拣加工等电子商务基础设施数字化、网络化、智能化水平，发展智慧供应链，打通农产品上行"最初一公里"和工业品下行"最后一公里"。培育农产品网络品牌，加强可电商化农产品开展"三品一标"认证和推广，深入开展农产品网络品牌创建，大力提升农产品电商化水平。

2. "互联网+"农产品出村进城工程。充分发挥"互联网+"在推进农产品生产、加工、储运、销售各环节高效协同和产业化运营中的作用，培育一批具有较强竞争力的县级农产品产业化运营主体，强化农产品产地生产加工和仓储物流基础设施，提升益农信息社农产品电商服务功能，加强农产品品牌建设和网络营销，建立农产品全产业链标准体系，建设县域农产品大数据，建立健全适应农产品网络销售的供应链体系、运营服务体系和支撑保障体系，优化提升农产品供应链、产业链现代化水平。

3. 扩大农村电商覆盖面。深化农村电商，推动直播电商、短视频电商等电子商务新模式向农村普及，创新营销推广渠道，强化县级电子商务公共服务中心统筹能力，为电商企业、农民合作社、家庭农场、专业服务公司等主体提供市场开拓、资源对接、业务指导等服务。支持农村居民开展多种形式的电子商务创业就业。鼓励各地因地制宜开展品牌设计、市场营销、电商应用等专业培训，强化实操技能。支持农村实体店、电商服务站点等承载邮政快递、金融服务等多元化服务功能，增强可持续发展能力。

4.加快贯通县乡村物流配送体系。升级改造县级物流配送中心，科学设置场内分区，更新换代自动分拣、传输等设施，为电商快递、商贸物流等各类主体服务。发展共同配送，健全县乡村三级物流配送体系，发展统仓共配模式。在整合县域电商快递基础上，调动乡镇、行政村闲置运力，推动乡村末端物流线路共享，搭载日用消费品、农资下乡和农产品双向配送服务，提升县域物流服务时效，实现双向畅通。

农业农村部出台《关于加快农业全产业链培育发展的指导意见》，提出延伸产业链条，构建完整完备的农业全产业链，要促进数字化转型升级。加强农村电商主体培训培育，引导农业生产基地、农产品加工企业、农资配送企业、物流企业应用电子商务。实施"互联网+"农产品出村进城工程，充分发挥品牌农产品综合服务平台和益农信息社作用，加强与大型知名电子商务平台合作，开设地方特色馆，发展直播带货、直供直销等新业态。

第五节 手机与农业网络营销

一、网络营销基础知识

网络营销是以现代营销理论为基础，借助网络、通信和数字媒体技术实现营销目标的商务活动，是科技进步、顾客价值变革、市场竞争等综合因素促成的，是信息化社会的必然产物。

网络营销根据其实现方式有广义和狭义之分，广义的网络营销指企业利用一切计算机网络进行营销活动，而狭义的网络营销专指国际互联网营销。

网络营销也是指组织或个人基于开发便捷的互联网络，对产品、服务所做的一系列经营活动，从而达到满足组织或个人需求的全过程，是企业整体营销战略的一个组成部分，是建立在互联网基础之上借助于互联网特性来实现一定营销目标的营销手段。

网络营销不是网上销售，不等于网站推广，网络营销是手段而不是目的，它不局限于网上，也不等于电子商务，它不是孤立存在的，不能脱离一般营销环境而存在，它应该被看作传统营销理论在互联网环境中的应用和发展。

在网络营销的操作过程中需要重点认识以下几点。

（一）巨大的消费群体

网上巨大的消费群体特别是企业的商务习惯变化，给网络营销提供了广阔的空间。

全球互联网用户保持增长，从 2015 年的 32 亿提升至 2022 年的 51 亿，互联网渗透率达到 65%。巨大的上网人数，带来了巨大的商机。在欧美国家，90% 以上的企业都建立了自己的网站，通过网络寻找自己的客户、寻找需要的产品，已经成了常态。

（二）网络营销需要比较专业的人才

随着中国网络营销的发展壮大，企业对网络营销人才的需求不断加大，带来了巨大的就业机会，同时，也对从业者的技能有了新的要求。网络营销的人才需求主要包括：网站运营、网店运营、搜索引擎优化、搜索引擎营销、互动营销、网络推广等。

（三）网络营销的目的

网络营销的主要目的有宣传企业品牌、吸引新客户、增加客户黏性、提高转化率、增加曝光率，通过网络营销宣传企业、扩大企业的影响力。

（四）网络营销的方式

通常网络营销通过如下几种方式进行：

1. 搜索引擎营销

即 SEM，通过开通搜索引擎竞价，让用户搜索相关关键词，并点击搜索引擎上的关键词创意链接进入网站／网页进一步了解他所需要的信息，然后通过拨打网站上的客服电话、与在线客服沟通或直接提交页面上的表单等来实现自己的目的。

2. 搜索引擎优化

即 SEO，是通过对网站结构、三要素描述、高质量的网站主题内容、丰富而有价值的相关性外部链接进行优化而使网站为用户更多搜索到，以获得在搜索引擎上的优势排名为网站引入流量。

3. 电子邮件营销

是以订阅的方式将行业及产品信息通过电子邮件的方式提供给所需要的用户，以此建立与用户之间的信任与信赖关系。但是大量的营销电子邮件会使得客户厌烦，反而不利于营销的开展，因此合理的营销电子邮件是企业必须慎重考虑的问题之一。

4. 即时通信营销

这是一种利用互联网即时聊天工具进行推广宣传的营销方式。这种方式是与客户沟通的有效途径，能够及时服务客户，企业一般都配备有在线即时通信营销人员。

5. 病毒式营销

病毒营销模式来自网络营销，利用用户口碑相传的原理，是通过用户之间自发进行的、费用低的营销手段。

6. 博客营销

博客营销是建立企业博客或个人博客，用于企业与用户之间的互动交流以及企业文化的体现，一般以诸如行业评论、工作感想、心情随笔和专业技术等作为企业博客内容，使用户更加信赖企业，深化品牌影响力。这种营销方式之所以会被推崇，是因为客户认同博客的内容，同时对博客所提及的产品和企业信赖度也会大幅上升，是非常好的营销手段。

7. 微博营销

微博营销是指通过微博平台为商家、个人等创造价值而执行的一种营销方式，也是指商家或个人通过微博平台发现并满足用户的各类需求的商业行为方式。

8. 微信营销

微信营销是网络经济时代企业营销模式的一种创新，是伴随着微信的火热而兴起的一种网络营销方式。微信不存在距离的限制，用户注册微信后，可与周围同样注册的"朋友"形成一种联系，用户订阅自己所需的信息，商家通过提供用户需要的信息，推广自己的产品，从而实现点对点的营销，比较突出的如体验式微营销。

9. 视频营销

以创意视频的方式，将产品信息移入视频短片中，被大众化所吸收，不会造成太大的用户群体排斥性，也容易被用户群体所接受。

10. 软文营销

软文广告顾名思义，它是相对于硬性广告而言，由企业的市场策划人员或广告公司的文案人员来负责撰写的"文字广告"。与硬广告相比，软文之所以叫软文，精妙之处就在于一个"软"字，好似绵里藏针，收而不露，克敌于无形。

等到你发现这是一篇软文的时候，你已经冷不丁地掉入了被精心设计过的"软文广告"陷阱。它追求的是一种春风化雨、润物无声的传播效果。如果说硬广告是外家的少林功夫，那么，软文则是绵里藏针、以柔克刚的武当拳法，软硬兼施、内外兼修，才是最有力的营销手段。

11. 体验式微营销

体验式微营销以用户体验为主，以移动互联网为主要沟通平台，配合传统网络媒体和大众媒体，通过有策略、可管理、持续性的O2O线上线下互动沟通，建立和转化、强化顾客关系，实现客户价值的一系列过程。体验式微营销站在消费者的感官（Sense）、情感（Feel）、思考（Think）、行动（Act）、关联（Relate）五个方面，重新定义、设计了营销的思考方式。

此种思考方式突破传统上"理性消费者"的假设，认为消费者消费时是理性与感性兼具的，消费者在消费前、消费时、消费后的体验，才是研究消费者行为与企业品牌经营的关键。体验式微营销以SNS（社交网络）、微博、微电影、微信、微视、微生活、微电子商务等为代表的新媒体形式，为企业或个人达成传统广告推广形式之外的低成本传播提供了可能。

12. O2O立体营销

O2O立体营销，是基于线上（Online）、线下（Offline）全媒体的深度整合营销，以提升品牌价值转化为导向，运用信息系统移动化，帮助品牌企业打造全方位渠道的立体营销网络，并根据市场大数据分析制定出一整套完善的多维度立体互动营销模式，从而实现大型品牌企业的全面营销。它以全方位营销效果为视角，针对受众需求进行多层次分类，选择性地运用报纸、杂志、广播、电视、音像、电影、出版、网络、移动客户端等各类传播渠道，以文字、图片、声音、视频、触碰等多元化的形式进行深度互动融合，涵盖视、听、光、形象、触觉等人们接受资讯的全部感官，对受众进行全视角、立体式的营销覆盖，帮助企业打造多渠道、多层次、多元化、多维度、全方位的立体营销网络。

（五）网络营销的主要优势

1. 网络媒介具有传播范围广、速度快、无地域限制、无时间约束、内容详尽、多媒体传送、形象生动、双向交流、反馈迅速等特点，可以有效降低企业营销信息传播的成本。

2. 网络销售无店面租金成本，且有实现产品直销的功能，能帮助企业减轻库存压力，降低运营成本。

3. 国际互联网覆盖全球市场，通过它，企业可方便快捷地进入任何一国市场。

4. 网络营销具有交互性和纵深性，它不同于传统媒体的信息单向传播，而是信息互动传播。通过链接，用户只需简单地点击鼠标，就可以从厂商的相关站点中得到更多、更详尽的信息。另外，用户可以通过广告位直接填写并提交在线表单信息，厂商可以随时得到宝贵的用户反馈信息，进一步减少了用户和企业、品牌之间的距离。同时，网络营销可以提供进一步的产品查询需求。

5. 成本低、速度快、更改灵活。网络营销的内容制作周期短，即使在较短的周期进行投放，也可以根据客户的需求很快完成制作，而传统广告制作成本高，投放周期固定。

6. 多维营销。纸质媒体是二维的，而网络营销则是多维的，它能将文字、图像和声音有机地组合在一起，传递多感官的信息，让顾客如身临其境般感受商品或服务。网络营销的载体基本上是多媒体、超文本格式文件，广告受众可以对其感兴趣的产品信息进行更详细的了解，使消费者能亲身体验产品、服务与品牌。

7.更具有针对性。通过提供众多的免费服务，网站一般都能建立完整的用户数据库，包括用户的地域分布、年龄、性别、收入、职业、婚姻状况、爱好等。

8.有可重复性和可检索性。网络营销可以将文字、声音、画面完美地结合之后供用户主动检索，重复观看。而与之相比，电视广告却是让广告受众被动地接受广告内容。

9.受众关注度高。据资料显示，电视并不能集中人的注意力，40%的电视观众同时在阅读，21%的人同时在做家务，13%的人同时在吃喝，12%的人同时在玩赏其他东西，10%的人同时在烹饪，9%的人同时在写作，8%的人同时在打电话。而网上用户中55%的人在使用计算机时不做任何其他事，只有6%的人同时在打电话，5%的人在吃喝，4%的人在写作。

10.网络营销缩短了媒体投放的进程。广告主在传统媒体上进行市场推广一般要经过三个阶段：市场开发期、市场巩固期和市场维持期。在这三个阶段中，厂商要首先获取注意力，创立品牌知名度；在消费者获得品牌的初步信息后，推广更为详细的产品信息；然后是建立和消费者之间较为牢固的联系，以建立品牌忠诚。而互联网将这三个阶段合并在一次广告投放中实现：消费者看到网络营销，点击后获得详细信息，并填写用户资料或直接参与广告主的市场活动，甚至直接在网上实施购买行为。

二、农业网络营销概述

农业网络营销是针对农业产品、农业服务所做的一系列经营活动，从而达到满足农业合作社或农民个人需求的全过程。网络营销是建立在互联网基础之上借助于互联网特性来实现一定营销目标的营销手段。

农业网络营销能够提供的营销产品主要为农业产品和农村服务。

（一）农业产品

农业产品和其他工业产品不同，其产业周期漫长、标准化很低，消费者对农产品质量的信任度不够，其流通和保质不易。电子商务无法解决所有的问题，这也造成了农业电子商务的步履蹒跚。作为农业网络营销的产品如何取悦众多的消费者，是必须考虑的一个重要的问题。通过研究，农业产品应该具有如下特点才容易形成网络营销产品。

1. 农业食品，能吃能喝的成品及原料

主要包括农副产品和工业食品；农副产品主要指动植物的初级产品（农、林、牧、渔）；工业化食品指通过工业化方式进行半加工或深加工，以方便储存和运输的食品。

2. 生鲜产品

生鲜产品主要来自农副产品，涵盖生活所必需的果蔬、蛋肉、海鲜水产、五谷杂粮、牛乳等，主要是地里（上）种出来（养出来）的一级产品。生鲜农村电商的核心是一个字"鲜"！如何快速、保质地将生鲜产品送到消费者手中成为农业生鲜产品网络营销至关重要的因素。

3. 特色产品

特色产品指某地特有的或特别著名的产品，一定要有历史，最好有文化内涵。土特产是指来源于特定区域、品质优异的农林产品或加工产品，土特产可以是直接采收的原料，也可以是经特殊工艺加工的制品，无论是原料还是制品，其品质与同类产品相比，应该是特优的或有特色的。土特产，是土产和特产的并称。在我国，土产一般指各地的农副业产品和部分手工业产品，如花生、核桃、松香、毛竹、陶瓷器、丝织品、水果等。特产指各地土产中具有独特品质、风格或技艺的产品，如杭州的织锦、景德镇的瓷器、宜兴的陶器、溧阳的风鹅、绍兴的黄酒、南丰的蜜橘、三清山的茶油、汕头的抽纱、张家界的葛粉、深圳南山的荔枝糕等。

由于特色产品已经具有一定的知名度，因而在进行营销推广时在消费群体中具有一定的认知度，比较容易进行营销活动，能很快打开销售市场。由于特产应该是优质特色的，因此企业或农户在进行营销活动时，一定要注意品牌意识，避免其他劣质产品以次充好，做好自己的品牌和口碑，在消费群体中建立良好的信誉和优质的口碑。

（二）农村服务

农村提供的服务主要包括在农村地区能够提供的服务和农村人员在城市能够提供的服务。目前在农村地区能够提供的服务的主要表现形式如下：

1. 生态观光农业采摘园服务

生态观光农业是现代农业与旅游业相结合的一种新型产业，是利用农业资源环境、农田景观、农业生产活动和农业文化，为人们提供观光、旅游、休闲、度假以及体验农业的一种农业经营活动，是以大自然为舞台，以农业文化为内涵，以观光、采摘、休闲、求知为载体，具有自然性、独特性、文化性、参与性和可持续性的新理念和新思路。

生态农业将会成为 21 世纪世界农业的主流和发展方向。

2. 乡村旅游服务

乡村旅游是以旅游度假为宗旨，以村庄野外为空间，以人文无干扰、生态无破坏，以游居和野行为特色的村野旅游形式。随着乡村旅游的迅速发展，近几年围绕乡村旅游提出很多原创新概念和新理论，如：游居、野行、居游、诗意栖居、第二居所、轻建设、场景时代等，新概念和新理论的提出使乡村旅游内容丰富化、形式多元化，有效缓解了乡村旅游同质化日益严重的问题。

以往乡村旅游是到乡村去了解一些乡村民情、礼仪风俗等，也可以观赏当地种植的一些乡村农作物（水稻、玉米、高粱、小麦等）、果树，在乡村小溪嬉戏，参观乡村的古建筑及了解它们的故事。旅游者可在乡村（通常是偏远地区的传统乡村）及其附近逗留、学习、体验乡村生活模式。该村庄也可以作为旅游者探索附近地区的基地。

乡村旅游的概念包含了两个方面：一是发生在乡村地区，二是以乡村性作为旅游吸引物，二者缺一不可。

2015年中央1号文件提出，积极开发农业多种功能，挖掘乡村生态休闲、旅游观光、文化教育价值。扶持建设一批具有历史、地域、民族特点的特色景观旅游村镇，打造形式多样、特色鲜明的乡村旅游休闲产品。加大对乡村旅游休闲基础设施建设的投入，增强线上线下营销能力，提高管理水平和服务质量。研究制定促进乡村旅游休闲发展的用地、财政、金融等扶持政策，落实税收优惠政策。激活农村要素资源，增加农民财产性收入。

3. 农家乐餐饮服务

农家乐是新兴的旅游休闲形式，是农民向现代城市人提供的一种回归自然从而获得身心放松、愉悦精神的休闲旅游方式。一般来说，农家乐的业主对当地的农产品进行加工，满足客人的需要，成本较低，因此消费不高。而且农家乐周围一般都是美丽的自然风景或田园风光，空气清新，环境放松，可以舒缓城市人的精神压力，因此受到很多城市人的喜爱。

农家乐的发展，对促进农村旅游、调整产业结构、建设区域经济、加快农业市场化进程产生了良好的作用。有些地方依托本地农业资源，分片开发出"农家乐"品种系列，像湖南南岳衡山、昆明团结乡等地的农家乐已逐渐形成了自己的品牌。

农家乐发展起来后，带来的不仅仅是消费收入，还有产品信息、项目信息和市场信息，为当地经济的发展提供了契机。农家乐成为农民了解市场的"窗口"，成为城市与乡村互动的桥梁。各地游客为农村带来了新思想、新观念，使农民及时了解到市场信息，生产经营与市场需求相接轨。开办农家乐的农民经常到旅客中间调查市场需求，然后有针对性地开展生产，有的建起了无公害蔬菜基地，有的则做起农产品深加工的生意。

当今中国的农家乐模式主要出现在北方，其中又以北京、天津、河北等地为主，农家乐最吸引游客的地方是：消费合理、价格实惠。

都市人吃惯了山珍海味，到乡村旅游多为寻求绿色自然。因此农家餐馆并不是越高档越好、菜肴并不是越贵越好。

农家乐的菜肴应以民间菜和农家菜为主，一定要突出自己民间、农家的特色，并且要在此基础上有所发展和创新。农家乐的菜肴要立足农村、就地取材，尽量采用农家特有的、城里难以见到的烹饪原料。除了农村特有的土鸡、土鸭、老腊肉以及各种时令鲜蔬外，还应广泛采用各种当地土特产。农家乐的主食也应该充分体现出农家的特色。例如，"农家乐"的米饭就不应该是纯粹的大米饭，而应该做成诸如玉米粒焖饭（俗称"金裹银"）、腊肉豌豆焖饭、红薯（或南瓜）焖饭、豇豆（或萝卜丝）焖饭等。其实，这些饭既有农家特色，又好吃，而且成本不高。农家乐的小吃和面点也不能搞得和城里一样，而是应当突出农家特色，搞一些诸如凉粉、凉面、贴饼子、薄煎饼、发糕、粽子、土豆饼、红薯饼、窝头以及煮玉米、红薯、土豆之类的小吃和面点。

（三）农业电子商务营销策略

伴随电子商务的介入，引领农业向着专业化、市场化、标准化、品牌化迅速转变，很多农企领导者也在思考：随着农业企业的不断壮大，如何把握营销新机遇，才能使农业更加焕发出新生机？

1.农业＋电商：科技融合推动产业变革。

电商渠道推动着农业产业链的发展，很多人会觉得农业、农产品比较土，缺乏时尚与性感的味道，算不上"高大上"。电商却神奇地将农业与高科技紧密结合，让农产品变得性感，让农企变得更有魅力。这也是企业价值的体现。

有数据显示，我国农产品电子商务快速发展，目前各类涉农电子商务平台超3万家，尤其是生鲜农产品电子商务迅速发展，生鲜农产品已经成为第四大类网上热销产品。

根据阿里巴巴方面的数据，2020年，阿里巴巴平台县域商品销售额达1.2万亿元，农产品销售额为3037亿元。很多特色农产品利用电商平台走向全国乃至全世界，实现了产品增值、农民增收。

宁夏百瑞源公司的六月红枸杞就是一个土特产实现华丽转身、完美逆袭的典型。15天销量10000盒，造成了断货，更创造了奇迹。

有过生活阅历或者经常服用枸杞的人都知道，现在1斤枸杞的零售价一般来讲是40元左右。百瑞源的"一顶天红"却让枸杞有了质的飞跃，1斤从40元卖到了300元，又从300元卖到了2000元。枸杞还是那粒枸杞，只是我们让它变得更性感、更有价值，也更有魅力了，让它从宁夏走向了全中国。

电商的发展，让农业与科技有了更多融合。它推动了农业产业链的发展和变革，在电商发展时代，能洞察消费者痛点、注重大众的口碑，站在产品及品质的立场上去打动消费者，这样的产品想不火都很难。

2. O2O：有效融合线上线下打造未来农业新模式。

近两年褚橙的O2O模式成为热点关键词。几个橙子引发电商新革命，上市24小时售出1500箱，4天卖出3000多箱，5天卖出20吨，不到40天仅电商就售出200吨。这就是褚橙创造的神话。

农产品具有独特的电子商务形态，有着极强的可复制性和延展性。同时具有很强的地域性，结合不同地区的自然环境以及生产方式，产品具有差异化，这也是农产品的魅力所在。

　　褚橙的故事恰恰表明，农业是最适合 O2O 大电商模式的行业，将线下商务机会与互联网有机结合。

第六节　农业电子商务典型应用——淘宝

一、掌握网上开店的流程

　　开网店与开传统店铺没有区别，开网店之前首先要考虑好经营什么商品，然后选择开网店的网站，像淘宝网、易趣、拍拍网等，可以根据情况选择。开店之前，需要学习的东西可不少，"淘宝大学"是个好地方，你需要了解的许多知识，比如货源、价格、物流、售后等问题，在淘宝大学都能够找到答案，多吸取一些前辈的经验是不错的。在选择网站的时候，人气是否旺盛、是否收费，以及收费情况等都是很重要的指标。现在很多平台提供免费开店服务，这一点可以为你省下不少钱。

1. 考察好市场，确定卖什么

选择别人不容易找到的特色商品是一个好的开始，保证商品的质优价廉才能留住客户。

2. 选择开店平台或者网站

一般自设服务器成本会很高，低成本的方式是选择一个提供网络交易服务的平台（如淘宝网），注册成为该交易平台的用户。大多数网站会要求用真实姓名和身份证等有效证件进行注册。注册时名字很重要，有特色的名字更能让别人注意到你，记住你的店铺。

3. 向网站申请开设网上店铺

要详细填写自己店铺所提供商品的分类，以便让你的目标用户可以准确地找到你。然后需要为自己的店铺起个醒目的名字，以便吸引人气。网店如果显示个人资料，应该真实填写，以增加信任度。

4. 网上店铺进货

低价进货、控制成本非常重要，必须重视这一点。至于进货渠道，可以从各地的批发市场、网站或厂家直接进货等。

如果你没有实体店或非常好的货源，建议卖一些价格不太高的时尚小玩意，或者有特色的东西。淘宝上的买家，多数是在校生与年轻的上班族，年纪多在15 ～ 35 岁，找好商品的定位与受众。可以参观淘宝同类商品的店铺，多研究高级别的店，看看他们的商品、销售情况、特色，做到知己知彼，商品最好是"人无我有"。

5. 拍照

商品进来后，该拍一张漂亮的照片了。实拍照片能让买家感到真实，也能体现出卖家的用心。要尽量把商品拍得诱人，但前提是不失真实，处理得太多的照片容易失真，有可能会给之后的交易带来麻烦。

照片拍好后，可以在照片上打上一层淡淡的水印，水印上标明你的店名。等开店了以后，还应该打上店址，这是为了防止有人盗用你的宝贝图片，如果打上了，别人就不敢盗用你的图片了。

6. 登录商品

需要把每件商品的名称、产地、所在地、性质、外观、数量、交易方式、交易时限等信息填写在网站上，最好搭配商品的图片。名称应尽量全面，突出优点，因为当别人搜索该类商品时，只有名称会显示在列表上。

漂亮的宝贝描述必不可少，要注意网页界面美感，避免使用多种字体、颜色和设置许多不同字体大小的宝贝描述，这样不仅没有条理性，让人找不到重点，而且过大过小的字体容易让人感觉厌烦。真正漂亮的宝贝描述要条理分明、重点突出、阅读方便、令人感觉舒适。

价格也是商品成交与否的一个重要因素。大家购物的时候，都会考虑价格因素，因此，要为你的商品设置一个有竞争力的价格。当然价格的高低与货源、进货渠道有着密切关系，如果你能进到比别人更便宜的货，那么你的商品就比别人的商品更具有竞争力了。

7. 网上店铺营销推广

为了提升自己网上店铺的人气，在开店初期，应适当地进行营销推广。但只限于网络是不够的，要做到线上线下多种渠道一起推广。例如，购买流量大的网站页面上的"热门商品推荐"的位置，将商品分类列表上的商品名称加粗、增加图片以吸引眼球。也可以利用不花钱的广告，如与其他网上店铺和网站交换链接。

8. 网上店铺售中服务

顾客在决定购买之前，可能还需要很多你没有提供的信息。他们会随时在网上提出问题，你应及时并耐心地回复。但是需要注意，很多网站为了防止卖家私下交易以逃避交易费用，会禁止买卖双方在网上提供任何个人的联系方式，如信箱、电话等，否则将予以处罚。

9. 发货

宝贝卖出了，别高兴得太早。收到支付宝的打款通知以后，还有运送关要过，不管是平邮还是快递，要用尽可能省钱的方式将宝贝安全地运送到买家手中。

10. 网上店铺评价或投诉

信用是网上交易中很重要的因素。为了共同建设信用环境，如果交易满意，最好给予对方好评，并且通过良好的服务获取对方的好评。如果交易失败，应给予差评，或者向网站投诉，以减少损失，并警示他人。如果对方投诉，应尽快处理，以免使自己的信用留下污点。

11. 网店售后服务

宝贝卖出不代表交易就此结束了，还有售后服务。对自己的宝贝有信心的卖家，售后服务都做得非常好。不管是技术支持还是退换货服务，都要做到位，这才是一位好卖家。好卖家的回头客是很多的，不要小看这一部分的顾客。

二、选择适合的产品

确定要开一家网上店铺后，"卖什么"就成为最主要的问题了。在确定卖什么的时候，要综合自身财力、商品属性以及物流运输的便捷性，对所售卖的商品加以定位。

1. 网上开店卖什么好

在考虑卖什么的时候，一定要根据自己的兴趣和能力而定。尽量避免涉足不熟悉、不擅长的领域。同时，要确定目标顾客，从他们的需求出发选择商品。

随着电子商务的发展，一部分网络商品得到市场的认可并迅速火爆起来，而另一些商品却湮没在互联网的发展中。具体来说，适合网络销售的商品应具备以下特点：

（1）体积较小

主要是方便运输，降低运输的成本。体积较大、较重而又价格偏低的商品是不适合网上销售的，因为在邮寄时商品的物流费用太高，如果将这笔费用分摊到买家头上，势必会降低买家的购买欲望。

（2）附加值较高

价值低过运费的单件商品是不适合网上销售的。要做价格相对稳定的商品，不要做价格短时间内相对不稳定的商品，因为初期开店的小店承担不了这个风险。

（3）具备独特性或时尚性

网店销售不错的商品往往都是独具特色或者十分时尚的。

（4）价格较合理

如果线下可以用相同的价格买到，就不会有人在网上购买了。尽量选择线下没有，只有网上才能买到的货品，比如外贸订单商品或者直接从国外带回来的商品。避免做大路货之类的商品，这类商品一是利润相对少，二是价格相对透明，三是随处可见的商品毕竟不是那么吸引人。初期开店不可能有太多的人气和订单，如果形不成一个量的话，是很难继续下去的。

（5）通过网站了解就可以激起浏览者的购买欲

如果一件商品必须要亲眼见到才可以达到购买所需要的信任，那么就不适合在网上开店销售。如果有品牌商品进货渠道的可以考虑做品牌商品，因为这类商品的知名度较高，即便买家没看到实物，也知道商品的品质。

2.网店进货注意事项

很多网店新手卖家对进货没有经验，导致货源不足或成本过高等问题，直接造成网店经营的失败。开网店进货需要注意以下几点：

（1）高中低档结合

一家网店若想做到兼顾各类消费者，就应该做到高中低档结合，让每个人都能够满载而归。但是这里所说的高中低档不是指钻石和鹅卵石的差别，而是说在同样的钻石级别的商品里，要有真正名贵、让内行人一眼就看出小店的专业的品质，同时也要有门槛较低、价格合适、可供普通买家入手的商品。另外还要注意的是进低档商品时，应该着重样式和颜色，进高档商品应看重质量和特色。

（2）按照季节进货

网店的一大好处是可以随卖随进，减少囤货的风险。因此按照季节的更替选择热销的商品进货才能把这种优势发挥到最大限度。

（3）紧跟流行趋势

网店经营者应该随机应变，灵活机动，能够根据市场自主调节进货商品的类型。在开店之初，做一个聪明的跟风卖家，能够积累资金，为扩大营业规模做准备。

（4）结合店铺风格

一家店要让买家印象深刻，就必须创造出自己的风格。而商品的进货也应该和店铺的风格统一。

（5）进一些周边商品

网店的重要用途之一是满足顾客一站式购物的需要。所以卖烹饪材料的小店不妨也进点儿烹饪书籍，卖服饰的小店也进些配件，既能增收，又能为买家提供便利。

（6）按照需要供货

一般来说，卖家按照自己对市场的估计进货，买家再根据自己的需要在不同的商铺购买。但是现在也有另外的消费方式，即买家挑选信任的商家，告之自己需要的商品，请商家按需进货。这样可以最大限度地避免囤积和浪费。

（7）问清能否换货

有些商品如果价格合适了，是可以更换颜色和尺码的。但是旧款换新款就要看进货商的砍价功力了。

（8）注意看进货单

付钱之前先看看上家给你开的单，核对上面的单价和件数。

（9）和进货商建立良好关系

遇到好的批发商，要让对方相信你做生意是追求长久合作的。开始他们可能会半信半疑，但是等你做上一段时间，来进货补货的频率多了，批发商自然会给你最优惠的价格。

（10）装熟原则

一般进货商都会给熟人更低的价格，所以不妨装装熟。比如，你看见某个店里面有好几款衣服你都很喜欢，你一进去就跟批发商说："老板，我又来了，这两天进了什么新款？"这一招很管用。老板一听是回头客，不仅会很热情地介绍，也不敢开高价。即使你从来没去过这家店，甚至是第一次进货也没关系，一天进进出出批发市场的人数众多，老板哪能个个都记得。所以小小地投个巧，也是为自己多争得一分利润的空间。

（11）多看多问多比较

如果有了固定的进货渠道，也不要因此就偷懒，还应该积极去寻找更低廉、更方便、更新式的进货渠道。一定要多看多问，尽可能对你所从事的项目有更多的了解，这样才会在做生意的过程中少受骗、多获益。

3.民族特色工艺品

民族特色工艺品也是网店货源的一个不错的选择。

（1）民族特色工艺品的优劣势

民族特色工艺品具有工业化商品所没有的特性与优

势，如奇特、淳朴、个性化。具有地域特色、民族内涵、文化底蕴等，这些特性与优势使其在商品海洋中显得尤其突出，但也有一些受地域限制、知名度低等劣势。

（2）民族特色工艺品的用途

①收藏。人们外出旅游，除了在景点拍照留念之外，一般还会购买当地的民族特色工艺品作为收藏品或赠品。

②家居装饰。现在的人们不太喜欢冷冰冰的金属材料、没有质感的塑料制品，而是更喜欢具有民族内涵和文化底蕴的民族特色工艺品，如在书房、卧室、客厅的墙壁挂上具有民族特色的挂毯，或张贴具有民族风情的装饰画，已经成为家居装饰的新潮。

③随身饰品。民族特色饰品也成为人们的最爱，如钥匙圈、手机挂件、胸颈饰物、衣饰、首饰、头饰等。

三、店内宣传的几种技巧

有一些技巧可以增强店铺的宣传效果，如设置好的店铺名称、巧用店铺交流区、进行友情链接、设置个人空间、加入淘宝商城、加入直通车等。

1.设置好的店铺名称

很多买家搜索宝贝的时候也会用搜索店铺的方法，这时店名就显得很重要！一个朗朗上口又有个性的名字往往作用很大，说不定买家就冲着店铺的名字去店里看看！容易记住也是很重要的一个指标，这样如果买家想再次找到你的店，就方便多了。

（1）易读、易记原则

易读、易记是对店铺名的最基本要求。店铺名只有易读、易记，才能高效地发挥它的识别功能和传播功能。如何使店铺名易读、易记呢？这就要求店铺经营者在为店铺取名时，要做到以下几点：

①简洁。名字简单、简洁明快，易于和消费者进行信息交流，而且名字越短，就越有可能引起顾客的遐想，含义更加丰富。

②独特。名称应具备独特的个性，力戒雷同，避免与其他店铺名混淆。

③新颖。名称要有新鲜感，赶上时代潮流，创造新概念。

④响亮。店铺名要易于上口，难发音或生僻字，都不宜用作名称。

（2）暗示商店经营商品属性原则

店铺名还应该暗示经营商品的某种性能和用途。

（3）适应市场环境原则

店铺名读起来使人产生愉快的店铺联想，是因为消费者总是从一定的背景出发，根据某些他们偏爱的店铺特点来考虑该店铺的。但是，第一次看到这个名字的人，会产生怎样的心理反应呢？这就要求店铺名要适应市场，更具体地说要适合该市场上消费者的文化价值观念。店铺名不仅要适应目前目标市场上的文化价值观念，而且也要适应潜在市场的文化价值观念。

2. 巧用店铺留言

店铺留言位于店铺的底部，它除了用于买家与卖家进行交流外，还有发布信息、补充店铺介绍的作用。优惠信息、店主联系方式、购买宝贝的注意事项都可以写在宝贝留言里。

单击店铺下方的"管理店铺全部帖子"超链接，进入"留言管理"页面。在这个页面可以对店铺留言进行管理，如发布留言、回复买家的留言、删除留言等。单击"发表新帖"超链接可以发表留言，单击"掌柜回复"超链接可以回复留言，单击"删除"超链接可以删除留言。

店铺留言其实是一把双刃剑。通过买家和卖家之间的一问一答，无形中会起到宣传店铺的作用。留言越多，表明店铺越受关注。但也有些对店铺不利的留言，这类留言应及时删除，比如一些恶意同行的恶作剧等。

3. 交换友情链接

淘宝网上的卖家可以组成互助共进的联盟，要尽量争取和其他卖家，特别是与一些交易量比较大、信誉度比较高的卖家交换友情链接。通过交换店铺链接，形成一个互助网络，增进彼此的影响力。在其他卖家的店铺首页，买家只要单击友情链接，就可以直接访问相应的友情店铺。添加友情链接的方法很简单，单击"店铺装修"页面中的"友情链接"后的"编辑"按钮，然后在"淘宝会员名"文本框中输入对方的会员名，单击"添加链接"按钮即可。

4. 参加免费试用

试用中心立足为自有品牌商家打造商品推介，最新、最热、最火、最热卖的商品展示，为商家进行精准、高效的口碑营销传播。分为付邮试用与免费试用两种。

免费试用是试用中心推出的用户可以完全免费获取

的试用品，通过试用报告分享试用感受，给商家的商品做出公正专业的描述，从而帮助其他消费者做出购物决策，找到真正适合自己的商品平台。申请获得的试用品无须返还。

付邮试用是试用中心针对快速消费品（如日用品、化妆品、食品、日常消耗品等）推出的"只需支付邮费，即可免费领取"的超值购物模式。用户只需支付较低的邮费，即可立即成功申领试用品。整个过程中会员体验的不仅是商品品质，同时也体验商家的销售能力、客服水平与发货速度等。

在试用期间可极大地增加店铺的曝光率和成交量，同时卖家还能得到宝贵的商品试用反馈。在赢得巨大流量和好评的同时也在淘宝树立起强大的品牌和店铺形象。

（1）可以获得更多的淘宝流量，比如收藏越多、销量越大、评价越高，在淘宝关键字搜索时，该类商品拍卖就越靠前。

（2）商家每日通过试用中心直接或间接达成的交易量大大超过平时，新上线的试用折扣价将极大地促进商品成交。

（3）通过试用产生良好的用户体验，获得试用会员最客观真实的口碑传播，增加品牌、美誉度。

（4）每个试用品每日都可获取几十万的流量，申请人数达上万人，并有独立的商品信息页，即使试用结束也会长期保留。

5. 加入淘宝商城

淘宝商城整合了数千家品牌商、生产商，为商家和消费者之间提供一站式解决方案，提供 100% 品质保证的商品，7 天无理由退货的售后服务，以及购物积分返现等优质服务。区别于淘宝网，淘宝商城由商家企业作为卖家。所以如果想有绝对的品质保证，淘宝商城是你的不二选择。

2012 年 1 月 11 日，淘宝商城在北京举行战略发布会，宣布更换中文品牌"淘宝商城"为"天猫"。迄今为止，天猫已经拥有 9 亿多位买家、数百万家商户、上百万个品牌。淘宝商城比普通店铺更有吸引力的是它的服务，"天猫"不光是大卖家和大品牌的集合，同时也提供比普通店铺更加周到的服务。

6. 加入淘宝直通车

淘宝直通车是为淘宝卖家量身定做的推广工具。它是依托于淘宝及其合作伙伴的搜索平台，让淘宝卖家更加方便地推广自己的宝贝。淘宝直通车推广，用一个点击，让买家进入你的店铺，产生一次甚至多次的店铺内跳转流量，这种以点带面的关联效应可以降低整体推广的成本和提高整店的关联营销效果。当买家在淘宝上搜索商品时，你的宝贝会第一时间出现在他们面前。按照效果付费的方式，淘宝直通车使卖家只需少量投入就可获得巨大的流量。

那么，怎样使用淘宝直通车才能产生最佳效果？什么样的店铺使用直通车最理想？这些是很多淘友都非常关心的问题。选择做直通车推广的宝贝最好是店铺中综合质量较高的宝贝。

（1）有累计售出记录且商品介绍里插入多个同类商品介绍，做直通车可达到最佳效果。

（2）信用度在一钻以下，好评率低于97%的买家做直通车效果不太理想。

（3）个性化、特色商品，差异化商品做直通车效果更佳。

（4）宝贝详情内容丰富，图片背景清晰，宝贝突出。

（5）能够独家在网上经营的大众化商品，也适合购买淘宝直通车。

到目前为止，淘宝直通车是淘宝上带来流量最重要的推广工具，那么怎么加入直通车呢，具体操作步骤如下：

①首先登录到淘宝后台，单击"营销中心"下的"我要推广"；进入到淘宝营销中心页面，单击"直通车"图标。

②进入淘宝直通车首页后，在页面右边可以看到"账户未激活"，单击"立即充值"按钮。

③打开直通车充值页面，淘宝直通车第一次开户需要预存500元以上的费用，这500元都将用于你接下来的推广中所产生的费用，选择好充值金额后，单击底部的"同意以上协议，立即充值"按钮。经过支付宝的充值操作以后，返回到直通车主页，账户就开通并且可以使用了。

7. 使用旺铺"满就送"

"满就送"给卖家提供一个店铺营销平台，这个营销平台可以给卖家更多的流量。让卖家的店铺促销活动可以面向全网推广，将便宜、优惠的店铺促销活动推广到买家寻找店铺的购物路径当中，缩减买家购物途径的购物成本。

"满就送"商品功能如下：

（1）提升店铺流量

参加淘宝促销活动，上促销频道推荐，上店铺街推荐。

（2）提高转化率

把更多流量转化成有价值的流量，让更多进店的人购买。

（3）提升客单价

通过"满就送"，提高店铺整体交易额。

（4）增加参加活动的机会

淘宝网有时候会举行一些针对参加"满就送"的活动，只有订购了这个服务的卖家才可以参加。

（5）节省人力

当卖家设置好"满就送"功能后，买家购买商品时，达到了设置的优惠标准后系统会自动操作。

（6）显示到网店的每一个地方

可以通过复制"满就送"代码，将"满就送"促销显示到网店的每一个地方，让顾客时刻可以看到店铺促销优惠，而不是只有到首页的促销区才能看到促销内容。

8. 参加聚划算

聚划算是亚洲最大购物网站淘宝的团购品牌，也是淘宝覆盖全站的团购平台，凭借淘宝网海量丰富商品，每天发起面向两亿用户的品质团购，秉承"精挑细选、极致性价比、真相决定品质"的核心价值主张，正在快速发展中。无论是日交易金额、成交单数还是参与人数均为全国第一。参加聚划算的商品成交量大增，日成交量达9999件。

团购对于买家来说带来了很大的好处：一是团购价格低于商品市场最低零售价；二是商品的质量和服务能够得到有效的保证。因此聚划算吸引了几十万的买家疯狂团购，店铺品牌和商品品牌的超大曝光，产生了超强的吸引力，开始了病毒式传播。很多商家参与聚划算主要的目的是为短时间内迅速增加店铺流量和曝光度，而不是依靠团购单品赚钱。因此单品定价非常低，甚至亏本销售。买家在聚划算的注意力会更为高度集中，不单单会看宝贝的品质，更多的是看该商家的品牌是否值得信赖。

四、塑造一个好的购物环境

网络购物作为一种潮流化的趋势，在现实社会中得到广大网民的青睐并且成为一种生活潮流，越来越多的年轻人开始涌入其中，而如何建立一个好的网络购物环境，已经成为卖家十分关心的话题。

1. 走出店铺装修误区

在网上可以看到很多卖家的店铺装修得非常漂亮，有些卖家甚至找专门的设计公司"装修"店铺。面对形形色色的店铺装修行动，稍不小心就走入了店铺装修的误区。下面介绍网店装修过程中常见的误区。

（1）图片过多过大

有些店铺首页中，店标、公告，以及栏目分类，全部都是用图片，而且这些图片非常大。虽然图片多了，店铺美观好看，可是买家浏览的速度是非常非常慢的。如果店铺的栏目买家半天都看不到，或者是重要的公告也看不到，那还有什么效果？

（2）栏目分类太多

这也是一个非常大的误区，有些店铺的商品分类达四五十个。这样的卖家大有人在。

也许你会说店铺的东西多，必须这样分类。但是你要知道，分类是让买家一目了然地找到自己需要的东西。几十个分类，一屏都显示不完，谁会拖动鼠标去找你的分类？

（3）存放图片的空间速度太慢

去测试一下你存放图片的空间服务器速度是否正常，并且服务器是否有区域限制。很多服务器在不同的ISP提供商的情况下，访问速度是完全不同的，甚至会有打不开的现象，那么你的公告、分类，买家也许就看不到。如果你的商品介绍里的图片或商品介绍模板页面也看不到的话，那就惨了，你的店铺花这么长时间设计出来的，可能就是在你的买家面前面目全非了。

（4）名字过长

将宝贝的名字、分类名字取得太长，这样的好处是被搜索到关键词的可能性增多，但太长的宝贝名字将没办法在列表中完整显示。更有朋友为了引起注意，在名字中加上一长串其他符号。真正的买家不会过于关心这些。把宝贝的特性、适用范围等描述清楚，加入适当的广告词，也就可以了。

（5）动画过多

将淘宝店铺布置得像动画片一样闪闪发光，能闪的地方都让它闪起来，如店标、公告、宝贝分类，甚至宝贝的图片也制作成浮动图片。动画可以吸引人的视线，但是使用过多的动画会占用大量的宽带空间，网页下载速度很慢。而且使用这么多的动画，浏览者看起来很累，也突出不了重点。

（6）背景音乐

一般在网页上添加背景音乐后，网页打开的速度会减慢；另一方面，有的买家白天没有时间，晚上上网的多。为了不影响买家休息，也最好不要有音乐。

另外，买家在淘宝网买东西，不可能单逛你一家店铺。他可能同时打开几个网店。如果每家店铺都有不同的背景音乐，效果可想而知。

当然加音乐也不是没有一点可取之处，比如加个开门的音效，或者发出"欢迎光临"的语音，就是挺别致的做法。音效文件都非常小，对速度的影响可以忽略，而且设置为只放一遍，就不会造成很坏的影响。

（7）页面设计过于复杂

店铺装修切忌繁杂，不要把店铺设计成门户类网站。虽然把店铺做成大网站看上去很有气势，给人的感觉也好像店铺很有实力，但却影响了买家的使用。他要在这么繁杂的一个店铺里找自己的商品，不看得眼花才怪呢。总之一句话，要让买家进入你的店铺以后，能够较快速地找到自己所要购买的商品，能够清晰地了解商品的详情。

2. 细节赢得买家

要让自己的网店长久活跃在网络这个平台上，网店经营者就必须要拥有良好的心态和坚韧的毅力，注重细节，赢得买家。

（1）网店卖家必备招式

①把握好店铺的目标群体。特别是消费水平较高，又有极高的品牌忠诚度的白领人士，这类人群往往只要有过一两次成功的交易过程，就有长期购买消费的可能。

②店铺名称不要经常更换。开店前，就必须想好店铺的经营范围，想好店铺名称。想好后就不要经常改动，不然会影响老顾客对你的信任。

③热情的服务态度。网上销售与实体销售一样，都必须具有"顾客就是上帝"的服务意识。

④合理的价格定位。网上销售与实体销售一样，都存在着商品竞争的情况。所以合理的商品定价就显得尤为重要，不要把价位抬得太高，以免吓跑买家，也不要把价格定得过低，以免让买家觉得便宜没好货。

⑤确保图片与实物的一致。网店中提供的实物图片可以进行一些适当的处理，但一定要确保最终的图片效果与实物一致，将最真实的实物效果通过图片传达给消

费者，这也是商家诚信的外在表现。

⑥详细的商品描述。对于销售的商品，必须尽可能多地将其相关的信息进行详细介绍，方便买家了解。

⑦及时回答买家提问。通常买家在购买商品之前都会对这个商品做一个全面的了解。卖家若能及时、耐心地回复买家提出的疑问，打消买家的顾虑，将会更有利于促成交易。

⑧知己知彼，百战百胜。在商场上，同行不但是对手，同时也是良师益友。有时间多去参考同行的店铺经营方法和促销方式，会学到很多很多。

⑨多逛社区，多交朋友。在社区里，可以学到很多东西。新人开店，都会觉得对很多东西束手无策。这时，社区就是你最好的老师了。到社区多学学防骗、装修、推广的知识，这比你在电脑前干等买家上门好多了。

（2）网店卖家道德规范

网店卖家必须要有优秀的人品和良好的职业道德，切忌做一些违反职业道德，欺瞒消费者的行为。下面这几点是卖家需要杜绝的行为：

①商品描述与实物不符。应实话实说。

②买家提问不回复。应尽快回复买家提问，解其

疑惑。

③与买家中断联系。应经常与买家保持联系，比如在发货前就必须要在第一时间使用旺旺或打电话或发E-mail联系买家，避免一些不必要的时间浪费。

④填写虚假的个人信息，如地址、电话或姓名等。因为在邮寄时就会被拆穿，从而给买家留下不诚实的印象。

⑤不接买家电话，或在商品的价格上过分计较。不要给买家留下小气的印象。

⑥一味地向买家推销昂贵的商品以获得更高的利益。应该给买家推荐最适合的商品。

⑦商品一发出，卖家就概不负责。应该要有良好的职业道德、完善的售后服务制度。

第三章

手机短视频、直播带货农产品

第一节　农产品成短视频、直播带货宠儿

　　随着网络普及率持续提升，我国网络购物市场保持较快发展，下沉市场、跨境电商、模式创新为网络购物市场提供了新的增长动能：在地域方面，以中小城市及农村地区为代表的下沉市场拓展了网络消费增长空间，电商平台加速渠道下沉；在模式方面，直播带货、工厂电商、社区零售等新模式蓬勃发展，成为网络消费增长新亮点。

　　因创作门槛低、碎片化获取信息、娱乐性强、传播速度快等特征，2016年开始，短视频、直播行业快速崛起。短视频加快与电商、旅游等领域的融合，探索新的商业模式。在电商领域，一方面，各大电商平台纷纷以独立的短视频频道或应用的方式，引入短视频内容，利

用其真实、直观的特点，帮助用户快速了解商品，缩短消费决策时间，吸引用户购买；另一方面，短视频平台通过与电商合作的方式，打通用户账户，吸引用户直接在短视频应用内购买商品，形成交易闭环。

随着短视频、直播与电商、旅游等领域的深度融合，各种商业模式不断创新，农产品也借势突破，广大农民通过这种互动强、灵活便利的方式进行农产品的销售，实现致富增收。例如，根据《湖南日报》报道，在湖南省邵阳市邵阳县罗城乡保和村，省政协办公厅驻村帮扶工作队邀请短视频平台，通过拍摄抖音视频的方式帮助农户线上销售"保和鸡"。2018 年来，该村采取"公司＋基地（合作社）＋能人＋贫困户"扶贫模式大力发展"保和鸡"生态养殖产业，已建成养殖基地 7 个，带动贫困户 42 户养殖鸡苗 2 万多羽，并邀请专业短视频拍摄团队来村里培育电商经纪人，借助短视频平台进行线上销售。如今，这些曾经的贫困户都已经脱贫致富，过上了富足的生活。

短视频、直播营销具有很多其他营销方式不具备的优点。

一、营销策划专业化程度高

短视频、直播营销和普通的网页营销不同，制作营销视频相对来说是一个专业性比较强的工作，不但需要好脚本，还需要好的展现形式，摄像、音响、灯光师等效果也不能少，往往难以靠个人完成，需要组建专门的团队，谋划和实施一次效果突出的短视频、直播营销。因为专业性比较强，别人模仿的门口也就高，可以方便推出一些独一无二的营销策划案例。

二、品牌形象更加具体、有冲击力

相对于文字来说，视频具有视觉冲击，更能够将商品植入人的脑海。这如同我们平时看小说和看电视的区别，而且在看视频的时候，人们的心情会比较轻松，更容易被视频图像带入情节中，这也是短视频的一大优点。视频营销能够更加灵活地传达品牌的形象和产品的效果，能够给人们留下深刻的印象，这也是视频营销手段最成功的地方。好的视频营销内容更会与人们产生共鸣，让人们在头脑中自动形成使用产品或享受服务的幸福感，自然地形成购买意识，减少了对广告的排斥力。

三、趣味性强，观众易接受

短视频、直播营销的一大特点就是趣味性强。我们平时看到一本书，不一定会翻开它看，但是如果我们走在大街上，看到一个播放的视频，很多人会停下脚步来看两秒，甚至就算你毫不停留，在你看到它的时候，哪怕只看到一个画面，它也已经把一些信息传递给了你。视频能够给人带来一种放松的感觉，而不是像传统的营销方案，让人感到一种拘谨，所以利用短视频、直播进行营销，观众更加容易接受。

四、互动增多

由于短视频、短视频具有多维立体的表现形式，再加上人本身具有好奇的特点，所以用户一般会比较接受新的事物，甚至很感兴趣去模仿，很有可能会根据视频广告去模仿这段视频的内容，甚至去形成一段新的视频，结果可能掀起一股模仿热潮。这样无形中就提高了视频的宣传度，从而达到了营销的目的。目前的视频平台很多，只需将视频上传到这些平台以及大的影视网站，就能在短时间内与用户产生互动评论、点赞、转发。策划好的视频内容，很有可能在一夜之间成就一个网红产品。

五、渠道更加宽广

在互联网高速发展的今天，短视频、直播对于很多人来说不陌生，互联网上的短视频、直播平台也各种各样，营销者可以将视频发到各个直播平台上，让更多的人观看，来达到了宣传的目的。而且随着智能手机的发展，应用移动互联网和智能手机的平台也不断涌现，为视频营销提供了更多的渠道选择。

农产品是所有人日常生活必不可少的东西。过去由于信息不畅通、物流有局限、部分农民缺乏互联网、市场营销等知识，农村的农产品一般由农民卖给经销商，再由经销商卖给消费者，主要利润流向了中间环节，农民和消费者都没有得利；还有一部分农产品由农民运输到集市上售卖，一般是在农民所在地周围的集市，辐射距离短，受众面小，销量难以保证。有不少偏僻地区和山区的农民，他们种植果蔬、杂粮等，大半辈子务农，产出的优质农产品也仅仅是卖给周边比较熟悉的村民和介绍来的一些客户，极大限制了农民增收。而消费者青睐新鲜、自然的特色农产品，但由于途径有限，对农产品了解不充分，难以接触到真正的好的农产品。

在互联网、智能手机等基础设施和设备普及率越来越高的新时代，以农民为主体的自媒体视频创作者，在农村拍摄，以农村原生态地理风貌、风土人情、美食特产等为主要内容，进而发布在各大社交平台上的短视频、直播等越来越流行。短视频、直播具有互动性强的特征，农民可以和全国各地的观众进行即时互动，打破信息壁垒，农产品信息可以直达消费者。消费者通过眼见为实，来挑选自己满意的农产品。加上农村越来越便利的物流体系，消费者可以直接从农民手中购买农产品，通过物流方式接收所购产品，削减了中间环节，砍掉了相当一部分中间费用，使得农民能以更高的价格卖出农产品，消费者则以更低的价格购买农产品，双方真正受益。

第二节　视频中的农产品形象打造

在图像上，不同颜色会带给观看者不同的感受，如我们时常提到的冷暖色。冷暖是人们对颜色的色彩感受，红色、橙色、黄色等色调是暖色，在图像上有视觉的扩张感。暖调的画面给人的感觉是温暖、热情、活力、兴奋的视觉感受。蓝色、青色、绿色等色彩是冷色，在图像上产生一种视觉压缩感，画面给人的感觉就是干净、清爽、清雅、深邃的视觉感受。

所以，我们在拍摄短视频、直播时，要根据内容布置环境颜色，使色彩更加突出主题。想表现压抑、苦闷以及恐怖的情绪可以用冷色调，暖色调特别适合表现神秘的气氛，饱和与对比强烈的色彩让人心情愉悦，黑白在表现怀旧时特别适合，红色会让人感觉亲切，蓝色会让人感觉冷静等，这些都是可以借鉴的经验。

（1）冷色调营造肃杀感

在电影中，我们经常能看到色彩比较偏冷的画面，一般在悬疑片或者恐怖片中常见，这是因为冷色调能够让人感觉比较冷静。这样的环境配合曝光不足的设置就能够很好地烘托出一种肃杀的气氛。当然，我们的短视频和直播多是让人快乐的内容，专门用来表示肃杀的场景很少，但是在个别翻转剧情中，短时间的肃杀感能够产生比较强烈的视觉冲击。

（2）暖色调让气氛神秘

暖色调经常出现在黑夜画面中，暖色由于人造光或者自然光的影响，让画面显得更有反差。在拍摄的时候，我们用有指向性的光线打亮部分环境，明暗、冷暖形成对比，反差明显，营造气氛。

（3）饱和的色调让场景更奇幻

在很多电影中，我们经常能够看到各种色彩非常饱和的画面，尤其是在一些奇幻类电影中，一些情节与童年的梦境、童话联系在一起，用非常饱满的色彩带来一种鲜艳的梦幻感。而一些短视频或者直播需要营造一种奇幻感时，可以使用更加丰富和饱和的色彩。

（4）黑白让人怀旧

最早的照片都是黑白的，这一认知一直被人们的潜意识保留，所以黑白色带给人们一种怀旧感。使用黑白颜色拍摄的视频，人物的造型、服装等都会成为光影的重要元素。因为黑白会把色彩去掉，难以传达出更丰富的情感，所以只有为了特定目的才会把短视频、直播设置为黑白的。

（5）红色让人温暖

红色经常会伴随着环境来表现，如落日、红色的街灯等，这种颜色会给人一种温暖、和蔼、暧昧的感觉。当我们要表现与特定人群的温暖、暧昧关系时，可以考虑使用红色。这种色彩一般在拍摄女性的时候使用较多。而在拍摄的时候，我们可以借助橙色或红色滤镜的使用，让整个环境都温暖起来。

色彩的应用一定要有目的性，是为了表现主题，而不仅仅是为了表现色彩而表现色彩，色彩的构成，主要是为了突出主体、表现主题、表达情感。

在运用色彩时要明确色调，切记冷暖混合，画面的色调有冷调、暖调、中间调、对比调……这色调是画面用来表现情感、表达主题的，拍摄者要根据自己的想法来统一确定色调。

同时，运用色彩时还有注意比例，色彩色别的分布要避免等量，这样的画面呆板，画面中的色块应该有大小、轻重、主次的区分，用色尽可能简洁大方。

对于图像来说，构图是表现作品内容的重要因素，它是确定并组织元素以产生和谐照片的过程。

1. 三分法构图

三分法构图可以说是最常见也是最基本的构图方法。三分构图法用 4 条直线，将画面分割成 9 个相等的方格。这种构图的特点是表现鲜明，画面简练。目前，绝大多数的数码相机甚至是手机都内置了九宫格辅助构图线，它适用于各种拍摄题材，最常使用的就是风景、人物等。

图 3-1　手机自带的九宫格辅助线

2. 对称式构图

对称式构图就是把图像按照一定的方向对称排列，体现出对称美，具有平衡、稳定、相呼应的特点，但其缺点就是过于呆板、缺少变化。常用于表现对称的物体、建筑、特殊风格的物体。

3. 黄金比例构图

黄金比例原本是一个数学规律，后被运用到各个领域，如数学、物理、建筑、美术甚至是音乐。后来人们发现自然界中大量存在这个比例，以此为基础的自然结构设计既实用又美观。虽然在绘画和设计领域，黄金比例被视为一个准则，但摄影圈内对此并没有过多的讨论，因为这是一个比较高级的构图方法，很多人对它是一知半解。其实黄金比例并不复杂，它和三分法构图非常类似，只是它的画面比例不是 $1:1:1$，而是 $1:0.618:1$。

4. 引导线构图

引导线构图法，就是利用画面中的线条去引导观者的目光，让他的目光最终可以汇聚到画面的焦点。当然引导线并不一定是具体的线，只要是有方向性的、连续的东西，我们都可以用来作为引导线。在现实生活中，道路、河流、整齐排列的树木、颜色、阴影，甚至是人的目光都可以当引导线使用。

图 3-2　黄金比例构图线

5.对角线和三角形构图

对角线和三角形构图可以给照片添加动态的张力，让照片看起来更活泼。相对来说，水平线和垂直线就显得很稳定，如果一个人站在水平的表面上，他看起来就很稳定，但当把他放在倾斜的表面，就会给人造成一种紧张感。这样的构图方式更多地被运用在建筑和运动拍摄上。

对角线构图其实是引导线构图的一类，将画面中的线条沿对角线方向展布，便形成了对角线构图。沿对角线展布的线条可以是直线，也可以是曲线、折线或物体的边缘，只要整体延伸方向与画面对角线方向接近，就可以视为对角线构图。

三角形构图是以三个视觉中心为拍摄景物的一种构

图方式。三角形构图将画面中元素的排布趋势大致构成一个三角形的位置关系，或是让主体造型表现为三角形轮廓。这种三角形可以是正三角也可以是斜三角或倒三角，其中斜三角较为常用，也较为灵活。

6. 框架式构图

选择框架式前景，能把观众的视线引向框架内的景物，突出主体，同时也能制造出纵深感。将主体影像包围起来形成一种框架可营造一种神秘气氛，就好像一个人从藏匿处偷偷窥视某个地方。框架式构图有助于将主体影像与风景融为一体，赋予照片更大的视觉冲击。

框架构图有两个主要的优势，一是能去除一些不必要的元素，二是能很好地把观众的视线集中到主体上。大家在拍摄时可以看看有没有合适的前景把主体框起来，这样能让主体更加突出。另外，框架式构图能很好地将主体和陪衬物相结合。

在日常生活中有很多可以利用来做框的元素，如物体形成的空隙、门窗、山洞等。

7. 低角度构图

低角度拍摄出来的图像能给人一种别样的视觉冲击，所以很多摄影师会趴在地上拍照。拍摄时，先找好要拍摄的主体，然后蹲下来找到一个合适的角度，把手机放在地上就可以拍了。比如，拍摄一条铁路，你把手机贴在铁路上，将整条铁路放入手机的取景框中，拍出来的效果非常好。

8.仰视构图

低角度构图是低头往下看，而仰视构图则相反，是抬头向上看。生活中有很多题材可以选择仰视构图来拍摄，会呈现出更强的纵深感。比如，高楼、树林、天空、花卉等都是可以用仰视构图来拍摄的。

拿起手机仰拍城市高大的楼宇，楼宇的线条会由四周向中间延伸，使得建筑物看起来更加高大。同样，当你身处茂密的树林时，抬头看看说不定能发现不一样的视角。这些笔直向上的树干会是很好的拍摄题材，也能带来很强的视觉冲击力。而对于花草，在拍摄时采用仰拍的角度不仅能更加突出主体，还能获得更加干净的背景。

9.俯视构图

俯视构图和仰视构图刚好相反，这也是一种视角很特殊的构图方法。俯视构图并不是要拍摄者跑到很高的地方进行拍摄，只要找对角度，不用很高的地方也能拍出俯视的效果。

拍摄美食、生活用品、服饰、城市风光等都可以采用俯拍的形式，俯拍是从被摄主体的上部向下拍，能反映出被拍主体的顶部结构，适于表现结构和体积，增强被拍体的立体效果。

对于美食和生活用品来说，俯拍是一种非常棒的拍摄视角，因为你可以手动摆放美食和生活用品的位置，摆出一些漂亮的造型，俯拍出的造型更加别致。

10. 前景营造景深

有时候为了突出拍摄主体，我们会将图像中的其他事物做虚化处理。现在的智能手机有很强大的拍摄功能，但是还是无法完全和专业的摄像机、照相机相比，在虚化上更是如此。但是这并不是说我们不能用手机拍出虚化效果。下面提供几种方法供大家参考。

（1）近距离拍摄

将手机靠近被拍摄物体进行拍摄，也就是拍特写，背景就会虚化。智能手机的摄像头是支持近景微距拍摄的，当手机越靠近被拍摄物体时，虚化效果就越明显。

（2）使用变焦功能

使用变焦功能的前提是手机要有这个功能，如果有就可以变焦拍摄。当无法靠近被拍摄物体时，就可以通过变焦将物体拉近，这样就能拍出虚化的效果了。当然变焦也会带来一些不好的影响，会导致画质不高。

（3）智能模糊

现在很多手机的人像拍照模式是支持智能模糊背景的，也就是通过软件计算来智能达到背景虚化的效果。

第三节　如何在视频平台销售农产品
——以抖音平台为例

　　随着抖音的发展和普及，竞争对手会加入抖音的阵营。越来越多的账号分享同类型的内容，自然会迎来泛滥的竞争。抖音号本身就是产品，不管你做什么类型的账号，都会面临数不清的竞争对手。

　　在抖音里，每一个账号都像是立足在茫茫的草原。因此一定不能成为普通的小草，淹没在草丛中，毫无特色。你必须是一颗巨大的树木，或者一头猎豹、一只小鸟，或者一朵美丽的花朵、一条瀑布，才能脱颖而出，获得人们的关注。如果大家都是小鸟，你就要继续细分。是一只鹰、一只乌鸦，还是百灵鸟，无论如何你都要与众不同。

　　打造抖音账号之前，一定要了解竞争环境，了解对手，制定差异化的竞争策略，方能打造出与众不同的账号。

一、抖音账号的专业设计

如何评判一个账号的专业度？如何让抖音更具公信力？如何给粉丝快速留下专业印象？所有的答案，都要回归到抖音账号本身的设计。

抖音的名字、头像、个性签名、背景图、持续输出的视频内容、互动交流，这6大核心内容都要符合定位认知。要通过头衔的提炼、账号的装修、内容的创作，将定位坐实。

1.如何起抖音名字

抖音的命名和抖音的定位息息相关。抖音命名要严格遵循以下6大命名原则：

（1）起名字一定要通俗易懂。

不用难写生僻的字，最好使用生活中常见的字，容易被记住，最好是输入法能够直接打出的字词。

（2）起名字最好用开口音。

比如伊利、美团、华为、格力。读字时，嘴巴要微微向外张开，就是开口音的字，这样的名字好听，非常利于传播。抖音里拥有663万粉丝的"丽江石榴哥"，名字就是开口音。名字字数虽然多一点，也是很容易记忆的。

（3）名字的联想要积极正面。

深圳的宝安机场原先的名字是黄田机场。很多人听起来会误以为是"黄泉"机场，非常吓人，影响生意，后来才改成宝安（保护安全）机场。有一些人给自己的孩子起名字，结果名字的联想不好，让孩子备受折磨，比如郝健、陈漠、倪好等。

（4）名字不要和品类产生误解。

比如小米手机，就不会产生误解。但是小米蛋糕，消费者就会认为蛋糕是用小米做的，就会产生品类误解。

（5）名字背后的寓意，有时并不如好记重要。

比如蚂蚁金服、瓜子二手车、毛豆新车网、盒马鲜生、哔哩哔哩、天猫、苹果、小米等，就是好记，这些名字和产品业务的关联性本质上并不大。

在抖音上，个人账号可以直接叫自己的名字，或者是带上专业领域关键词，比如"我爱种菜""马哥火龙果种植"。

知识技能类账号，可以考虑用关键词命名，比如葡萄种植、大棚、种植技术、瓜果蔬菜、五常大米等。娱乐情感类的账号名字，可以更加多元化，怎么有趣，怎么能体现内容的调性，怎么来。比如七舅脑爷、毛姐。但是整体上也要符合命名的 6 大原则。

二、抖音的装修设计

抖音的装修主要是指头像、背景墙、个性签名、视频内容四大设计。进入账号主页，粉丝会通过查看你的抖音账号，对你产生第一印象。印象好，粉丝就会关注你。印象差，粉丝就会溜之大吉。因此，抖音的装修设计非常关键。

1.头像设计

头像如果是个人，就用自己清晰的图片即可，要美观或个性。

如果是公司，可以直接用 logo、公司品牌名字或能够代表公司形象的照片。

如果是产品，可以直接是产品照片。

如果是通过内容吸引粉丝，曲线营销的账号，就要根据账号的定位，确定适合的头像符号。

图 3-3 抖音账号头像符号

图 3-3 中的"楚贵园生鲜水果""百果坊水果"的账号，就设计了一个独特的企业图形符号作为头像。而更多的账号，选择使用个人照片、实物照片做头像，如图 3-3 中"水果莎莎""聚果坊水果"的账号头像，都是水果实物的图片。

头像的主要目的是让粉丝能够清晰地记住你，因此不要经常更换头像，选中后尽量长期使用，形成持久的品牌印象。另外，抖音的界面背景是黑色，选图片颜色时要注意颜色对比，尽量色差大一点，更能彰显头像。如果是个人照片，尽量找专业的摄影师拍一套写真。如果是 logo 或产品，尽量颜色亮丽，色彩突出，让专业设计师设计一下。

2. 个性资料设计

在账号头像的下面，是抖音号的位置。抖音号和微信号类似，是为了便于朋友搜索到你。抖音号是一串数字的账号（图 3-4），你可以修改成自己容易记忆的内容，但是只能修改一次，修改之后无法更改。所以，一定要慎重。

图 3-4　抖音号示例

如图 3-5 所示，在头像右边的"编辑资料"里可以找到修改入口。尽量只用拼音、数字（图 3-6），不要加一些特殊的符号，比如"-""~""/"等。如果你的抖音号太复杂，别人用抖音号搜索你时，输入字符非常困难，很难快速精准找到你。

图 3-5　抖音号修改入口

图 3-6　抖音号修改位置

如图 3-7 所示，在商品橱窗下面，有一行灰色字体，就是个性签名。个性签名可以在头像右边的"编辑资料"里修改（图3-8）。

图3-7　个性签名展示位置　　**图3-8　个性签名修改位置**

不出名时要为自己增加信任背书，要给自己提炼头衔和卖点。只要抖音允许，像"非物质文化遗产""驰名商标"等能够增加个人及产品权威性的内容，都尽量打上。

三、抖音为实体店提供了丰富的店铺营销功能

实体店营销最难的两点：一是实体店很难进行线上引流和传播，二是消费者很容易利用手机进行线上比价。

抖音的店铺营销功能为实体店提供了丰富的营销工具，尤其是 POI 地址和热门话题功能。

越来越多的线上用户通过一种叫作 POI 的营销工具找到门店，并顺利转化为实体店的消费者或"线上品牌推广官"。POI 全称为 Point Of Interest（兴趣点），通过 LBS 定位技术，使用户发布视频可以挂上门店的 POI 地址。用户发布视频的时候，可以直接插入 POI 地址。感兴趣的用户点击视频的 POI 地址，可以直接进入门店信息页，再也不用苦苦追问"这家店在哪？怎么找到这家店？"，信息页更包含有实体店的线下地址、预订电话，也具有自定义优惠券设置、店铺相册产品展示等功能，为企业提供了更直观的信息曝光和流量转化。

在抖音的搜索入口，有一个"地点"栏。在搜索栏输入实体店名字，点击会直接跳转到实体店的信息页。点击信息页上面的地图标记，就会出现 POI 地址。如图 3-9、图 3-10 和图 3-11 所示。

企业可以绑定该地址为店铺地址，POI 地址页将展示对应企业号及店铺基本信息。目前支持高德地图上的所有地址认领。一个企业可以申请多个 POI 地址，但是一个 POI 地址只能被一家企业认领。所以，现在认领地址也是一个红利期。

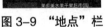

图 3-9 "地点"栏　　图 3-10 实体店信息页

"热门话题"是传播性极强的工具，认证后的账号具备"发起话题"功能。如图 3-12 所示，王老吉在自己的抖音号上发起"吉是所有美好的开始"话题活动：参与者在规定时间内以这句话为主题发布视频，共同传播发起话题视频 PK。所有发布的视频都会添加话题"#吉是所有美好的开始"。观众点击话题，可以进入话题总页面。截至 2019 年 12 月 5 号，本话题的视频总播放量高达 3.2 亿次。王老吉品牌花费了很低的成本，就得到了海量的传播。

图 3-11　显示 POI 地址

图 3-12　"吉是所有美好的开始"话题页面

四、一分钟权限、视频置顶、私信特权

当账号粉丝数量低于 30 个时，是不具备一分钟视频权限的。但是认证蓝 V 之后，可以直接具备一分钟视频权限，并且具有视频置顶功能，可以将最多三个视频进行置顶（图 3-13）。

同时，可以对视频的评论进行置顶、删除、管理。对于粉丝的私信，可以设置自定义回复。私信也不再折叠在一起（类似微信的订阅号，全部折叠在一起，而服务号可以直接跳出消息），如图 3-14 所示。并且，陌生人给企业发信息不再有只能发 3 条的限制（如果陌生人私信企业，企业未关注该陌生人，该陌生人只能给企业发最多 3 条信息。企业关注了陌生人，则不再受限）。

图 3-13　视频置顶

图 3-14　陌生私信显示页面

五、商品信息分享及购物车功能

企业开通企业认证后，如果拥有的淘宝和天猫账户开通了淘宝客功能，就可以直接外链淘宝网店（图 3-15）。用户可以在相关的视频内添加购物车，商品和视频信息可以同步发。目前，抖音也支持企业开通抖音小店，可以直接卖货。

手机助农增收实操一本通：手机变农具，增收好帮手

图 3-15　淘宝店外链

第四节 短视频、直播内容生产

一、内容获取的三大策略

短视频＋直播对视频的原创度要求高，账号需要持续创作优质的视频内容。新媒体内容创作要遵循"机关枪理论"，每天都要有子弹出来，否则热度就会降低，粉丝会减少。因此短视频＋直播的内容海量获取与策划非常重要。

短视频＋直播是内容为王，想吸引粉丝，必须有干货，容不得半点虚假。如果你定位的是垂直领域，一个完整的系统知识有可能几句话就概括完了。所以，你会发现你的创意、知识储备很快就会用光。

因此，我们必须找到一种途径，能够源源不断获取信息。找到优质内容，才能做到内容的持续输出。

下面以抖音为例，讲讲短视频＋直播内容获取的三大策略。

1. 揉碎策略

这种理论在抖音很盛行，比如你买到一本营销书籍，把内容看完，可以整理出很多的经典片段，相当于把这本书的系统精华知识揉碎了。将整理出来的碎片知识剪辑成视频，就是非常不错的内容。比如去听一堂系统的课程，将老师的内容拆解揉碎可以做出大量的内容。

你想聚焦的领域是什么，你的定位是什么，市面上总会有数不尽的专业书籍、专业课程，使用这种策略整理，自然有源源不断的内容。

2. 搬运策略

搬运策略，说白了就是借鉴别人的内容，为己所用。把别人的创意、声音、文字、场景、音乐、策划思路等内容借鉴过来，植入自己的视频里，借鉴创意，自然可以走捷径。

媒体圈一直流行一个词——"洗稿"，说的就是搬运策略。搬运国外的视频内容到国内，搬运其他行业的内容到本行业等。搬运无可厚非，只要技巧得当，完全可以创造出全新的优质视频，赢得新媒体的成功布局。别人的原创，我们借鉴过来，要做到去其糟粕取其精华。

创意借鉴是内容创作最快的策划技巧，不过搬运 ≠ 抄袭。抄袭是 100% 模仿，搬运是借鉴。我们所谈的搬运，需要对借鉴的内容、创意等元素重新进行创意和策划，加入自己的原创元素。如果彻头彻尾抄袭别人的内容，不仅违法，原创作者可以投诉举报，而且人们发现了会非常厌恶你，基本上你不可能再获得粉丝了。抖音对抄袭的账号会进行警告和惩罚。经常抄袭别人原创内容的账号，会被抖音判定为抄袭账号，会降低权重甚至封号处理。

3. 100% 原创

如果你创意十足，具有系统的知识体系，或者团队非常优秀，完全可以按照自己的定位方向进行创作，完全实现 100% 内容原创。优质账号都要努力向着这个方向迈进。要成为行业的领头羊，一定要具备引领的价值，而不是一味模仿抄袭。抖音倡导的就是原创，因此原创账号的权重自然也是最高的。

二、高流量视频的创作与发布技巧

内容的定位和获取，只能帮助你解决素材和创意问题。再好的内容，也需要差异化的呈现方式，耳目一新的剧情策划，恰到好处的音乐搭配，美观流畅的视频剪辑，最终才能呈现出精彩的爆款视频，让人念念不忘。

如何才能做出更为精彩的短视频呢？下面分享短视频的创作策划技巧。

1.八大视频策划技巧

要想成就出色的 IP 账号，你的内容就要永远遵循与众不同原则。无论你从哪里借鉴的创意、元素、内容、声音、场景、剧情，都要进行创新加工，打造出耳目一新的感觉。你可以采取如下几种策划技巧，创造出"新、奇、特"的视频内容。

（1）剧情反转

剧情反转的技巧，就是对立型创新，内容均在情理之中，结局却是意料之外。"永远猜不透结局""腰都快被闪断了""腰椎间盘那么多，为何你如此突出"，都是大反转剧情的效果。像陈翔六点半、郑云工作室等，都是经典的案例。

很多男生都认为漂亮的女生很难养，成本高，成都小甜甜却说出相反的观点，"能请我吃饭就好"。这完全颠覆了普通男生的认知，视频自然火爆。

人们的印象中，大多数漂亮美女都生活在都市，养尊处优，如果你视频里的美女在农村做着搬砖、采茶等农活，内容反转，就会令人耳目一新。

有一对恋人吵架，女生说如果分手，她可以很容易找到一个男朋友。男友就非常生气，说："你找一个试试。"结果刚好一个男生路过，女生就拉着这位路人说："做我男朋友。"路人犹犹豫豫，后来竟然真的"坐"在了她男朋友的大腿上，坐完之后对女生说："我坐过了啊。"看到这，观众哄堂大笑。这就是经典的剧情反转应用案例。

让你的团队头脑风暴，把你的剧情策划的不可思议，别让观众轻易猜到结局，就会创作出不可思议的好作品。

（2）集成创新

集成创新的技巧是选定一些需要借鉴的爆款视频，分析拆解各个视频的爆款元素，用爆款元素替代自己内容中的平庸元素，将多个爆款元素有序结合，组成新的视频。

有的视频很有趣，但是视频像素低，拍摄的素材不够精美，你可以借鉴对方的内容元素，视频部分用像素高的相机拍摄，精美剪辑，就会很火爆。

再比如借鉴新闻播报的模式，播报搞笑内容，就很有新意。

更有甚者，将非常多的网红音乐、舞蹈和段子集合成一个视频。看完这个视频，相当于看完了最近最流行的元素，这样的集合视频也很受欢迎。

集成创新，主要是借鉴爆款视频的优质点，加入自己的创新元素进行创新，这种内容创作技巧非常有效。另外，在借鉴的过程中，忌讳完全照搬，一定不要做抄袭者，不要成了山寨搬运者。

（3）角色扮演

角色扮演指的是通过角色互换、角色扮演、角色模仿、对口型、音乐假唱等方式，创作出另类的视频，包括男女互换、动物与人互换、人与物互换、语言模仿等不同方式。

比如"多余和毛毛姐"，一个男生同时扮演男女两个不同的角色，自己与自己进行对话和沟通，没想到女版人物比男版人物更受粉丝欢迎。抖音里很多男生化妆变美女的视频，都很受欢迎，比如"阿纯"。

（4）行业揭秘

常人很难见到的行业内容，只需揭秘展现出来，就会获得大量粉丝阅读。

比如我们经常看到石碑，但是很少人知道工匠是如何把字刻在石碑上的。如果拍摄刻字的细节，分享给大家，就会有很多人喜欢，引得大家对工匠师傅的高超技艺赞叹不已。

比如我们经常喝的饮料是怎么生产出来的呢？配料怎么调，如何灌装，如何压盖，如何包装，都是外行人不了解的。只需把这些过程拍摄出来，就可以获得感兴趣的粉丝。

业内人对自己的行业知识习以为常，但是外行人鲜有人知道。人们渴望了解更多专业内容。很多餐饮开始展示透明厨房，就是为了让顾客看到美食制作的过程。顾客看得见，了解了，会增加足够的消费信任。

这类视频创作技巧可以吸引与行业相关的精准粉丝。不过，行业视频创作千万不要展现那些枯燥乏味的内容，尽量拍摄精彩、炫酷、科技范十足的细节，展现有趣、好玩、了不起的精彩细节点。

（5）关联创意

关联创意，俗称"蹭热点"。星巴克猫爪杯突然在网络走红，有客户为了购买限量供应的猫爪杯大打出手，引得全网轰动。很多抖音账号借助猫爪杯的热点，进行关联创意，视频火爆。蹭热点是创造抖音视频的非常不错的借势策略，但是要及时，不要错过了热度。

（6）技术流

如果你的团队有很棒的剪辑技术，完全可以借助剪辑技术创作玄幻、科幻等科技范十足的视频。《流量地球》为什么如此受欢迎？核心原因是中国科幻片终于拍出了美国大片的"特效感"。特效，就是剪辑技术的一种。

短视频时代，任何媒体内容都可以用视频重新演义一遍。在技术流面前，任何视频内容都可以用剪辑技术重新升级一遍。因此，学会出色的剪辑技术，绝对是短视频时代最重要的技能之一。

（7）标题党技巧

有很多视频，单看视频内容并无什么新奇，但是配合标题就会触动心扉。图3–16是西贝莜面村的一个视频。视频中两个跳舞的服务员舞蹈很普通，但是标题很好："旁边是我领导，如果这条视频火了她说给我加薪！大家冲鸭。"结果点赞数突破 11 万。

标题党在新媒体时代，永不过时。如果内容很普通，就想办法起一个绝佳的标题。

（8）忽略技巧，直接上干货

忽悠不如直接上干货，把最好的技巧、知识、经验，直接分

图 3-16 西贝莜面村的视频截图

享出来，就是最好的技巧。比如"××潮男"直接告诉你如何穿衣。"化妆师 ××"直接告诉你如何化妆打扮。"设计师 ××"直接告诉你如何装修设计。"大厨 ××"直接告诉你如何做菜。很多行业垂直账号，均可以考虑直接分享干货内容，获得粉丝，如图 3-17 所示。

全部 网红美女 网红帅哥 搞笑 情感 剧情 美食 美妆 穿搭 明星 影视娱乐 游戏 宠物 音乐 舞蹈 萌宠 生活
体育 旅行 动漫 创意 时尚 母婴育儿 教育 职场教育 汽车 家居 科技 摄影教学 地方 知识资讯类 办公软件
文学艺术

图 3-17 抖音主要的垂直分类类目名称

2.短视频创作与发布技巧

抖音属于瀑布流媒体，内容不能在短时间内抓住粉丝兴趣，就会被随手滑走。因此，创作短视频，必须严

格遵循如下创作和发布技巧：

（1）视频要精简，三秒内抓住观众眼球。

内容要压缩、精简。前三秒必须快速呈现精彩内容，吸引眼球。开头不要留白，直接出精彩内容。同时，多余的视频片段必须删减压缩，尽量呈现出最精彩的内容。

（2）优先用热门音乐，参与相关热门话题。

优先使用热门音乐。抖音本身就是以音乐为主要元素的短视频平台，名字中包含"音"字，可见音乐对抖音的重要性。我们在拍摄视频及剪辑时，要注重使用热门音乐。

同时，多参与热门话题，多和官方进行互动，账号自然会获得更多支持。当然，也不是让你什么话题热就去蹭什么话题，找与自己领域相关同时又很火的话题去蹭。

（3）务必重视发布时间。

很多人关心抖音视频在什么时间发布容易上热门，抖音的用户活跃时段持续时间较长，从早上9：00开始一直到晚上23：00都处于活跃状态，几乎没有太大降幅。中午饭后（13：00）和下班时间（18：00）是抖友们最爱点赞的时刻，62%的用户会在这段时间内刷抖音。尤其是睡前和周末、节假日这种整段时间。在这个时间段内，刷抖音的人比较多，点赞的概率也是最高的。所以在这个时间段发抖音会是一个不错的选择。

（4）引导关注的铺垫很关键。

结尾要留有悬念，这样利于观众关注账号，吸引观众查看主页更多视频。一些电影剪辑类视频常把一部电影的讲解拆分为多个片段，人们关注看完一个视频，被吸引后会点开主页查看更多视频。

"关注我，查看更多精彩视频""请看下一个视频""想学习更多内容，请……""感谢关注"等，都是不错的引导语言。

第五节　视频有好名字才有高流量

在制作完成视频之后，要往多个平台发布，这是需要一个能够吸引人的好标题，这是大家最头疼的事情。取一个好的标题，是短视频、直播运营中特别重要的一步。不管是吸引用户点击观看，还是获得平台更多的推荐，好的标题都是一个必选项，能够辅助文章和视频传播，而不好的标题可能会将你的优质内容埋没。

在没有看到内容之前，标题是吸引人观看的第一关键点。标题就像一个人的名字一样，具有特色和代表性，是观众快速了解短视频内容并产生记忆与联想的重要途径。同样一个视频，标题上几个字的差别，就会带来截然不同的播放量。

在进行乡村短视频、直播制作时，我们虽然不建议做标题党，但也要合理激发观众阅读的兴趣。好的标题一般具有下面的特点：

挑起人们的好奇心，可以提炼冲突矛盾，语句针锋相对，引导观众点开视频寻找答案；可以制造反差，与常识形成对比，给人理念的冲击；有一些"测评""体验"等体现实践性的词语；可以多用疑问句，点出观众好奇的问题，设置悬念。

多手段强化观众情绪：多用第一、二人称，还原场景对话；点出内容针对的对象，快速定位目标受众；主动给自己贴标签，辅以标点符号强化预期；标题中尽量不用反问句和挑衅意思的词语，那样容易招致观众反感。

标题要一目了然，用语简练，让观众一眼知道是什么意思。一些隐晦的词语，观众要琢磨半天才能理解，很可能会不耐烦，根本不会点击收看。标题词汇中可以用动词代替形容词，阿拉伯数字代替大写数字。

与高频词汇贴合。当下出现的高频词汇总是能吸引更多人注意，要善用从众心理，将关键词替换成相似的高频词汇。标题用词多使用与热门、高频词汇含义相似、观众更感兴趣的词语。

当然，取标题也有一些技巧可以借鉴。

1. 字数 10~30 字

很多短视频、直播平台对视频标题的字数提出了要求，一般在 10~30 字。这里标点、汉字、英文字母、数字字符都计算在内，如"——"占两个汉字空间，记作两个字，字数过多的话平台系统会自动提示不允许发布。

此外，由于视频 APP 上，每一条视频显示一般为封面图在左、标题在右的呈现形式，标题可以最多显示的字数是有限的，超出的文字则会在末尾用"…"显示。所以在取标题时还要考虑显示问题，将字数控制在能全部显示出来为好。研究数据显示，播放量高的视频标题字数在 20 个字左右。

2. 描述内容精准

媒体平台对短视频总体遵循机器算法推荐的原则，平台系统会依据你的标题，提取分类关键词进行推荐，随后视频的点播量与评论数及用户停留时间将决定你的视频能够继续得到推荐还是被"过滤"掉。因此，在视频标题中选用合适的关键词就非常重要。

清晰的标题会更容易被视频平台算法定向推荐给目标用户，更容易让用户在海量信息中判断是否点击观看你的视频。这就容易形成播放量越大平台越推荐的良性循环。如果你个人、你的企业、你的视频还没有具备极大知名度，标题上还是不要太随意、人性，太朦胧的标题只会挡住观众点击的手。

3. 活用高流量热词

现在网络时不时就会出现流行语，一段时间内大家都会刻意或不刻意地使用、传播这个词。而中华文化博大精深，多词一义的情况屡见不鲜，标题用词上也可以选择与流行词意思相近的词语来达到推动传播的效果。热搜指数和百度指数都可以提示你哪些词是当下最流行的，选择流量更高的敏感词与流行语是提高视频搜索量的一种好办法。

4. 视频要抓住爆点

视频标题要用关键词来"敲黑板""划重点"，对内容进行精准描述。这就要求标题用语要能体现视频的精彩"爆点"。同样的视频，100% 的内容在标题上进行了 200% 的展现就是成功。所以，要尽可能多地将视频中体现的观众"燃点"挑选出来并呈现在标题上，以此来提高标题的辨识度。另外，尽量将视频内容中的爆点放在标题的开头，帮助用户"划重点"，降低阅读成本。

5. 阿拉伯数字更有力量

研究机构发现，含有数字的标题在快速辨识记忆方面的效果高于比不含数字标题 4 倍以上。标题中加入数字会让标题更加直观。相比较来说，"1、2、3、4"比"一、二、三、四"更加直观。使用数字能给用户带来更直观的解读，也更容易造成强大的冲击力。

6. 巧用疑问句

短视频标题的惯用句式包括陈述句、感叹句和疑问句，每种句式各有特色。其中陈述句表达完整性最强，也是最常见的句式，但呈现内容比较平淡，相对不容易出彩；感叹句有利于表达态度与观点，但使用要得当，提出能够真正震撼观众的内容，避免流于形式，"震惊！""太棒了！"这种简单抒发个人情绪的感叹句并不能对观众产生多大吸引力；疑问句往往能够激起用户强烈的好奇心，引导效果一般比感叹句式更好。

7. 悬念扣人心

用标题讲故事是提升短视频吸引力、感染力的好方法，更是提升传播力与导引力的关键。在 20 字左右的标题中，尽量讲好故事、制造悬念，激起用户的阅读欲。

8. 反常规认知让点击暴增

追热点、蹭点击是一种增加短视频曝光的常用方式，但大量同质化的内容不免令用户感到乏味，此时打造差异化就显得格外重要了。将打破常规认知的观点提炼出来，并在标题上加以体现，能够让人产生强烈的好奇心，生成疑问，自然有一探究竟的动力。

9. 代入感让用户钻进"圈套"

增加短视频、直播代入感的目的在于拉近视频观看者和制作者间的心理距离，让用户觉得视频的内容与自己的切身利益息息相关。一旦用户认可了视频的内容，就会在自我表达的时候借助短视频表达自己的观点，这样就激发用户在社交网络内的分享行为，从而产生连锁反应，形成爆款视频作品。常见的增加代入感的方式包括贴身份标签，在标题中点名"属虎的人必看""90后""北漂青年"等，直接圈定相应的目标人群，制造情感共鸣。

关于取标题技巧还有很多，具体选用哪种技巧，要根据视频内容、自己的目标对象、要达到的效果、推广平台的要求等来考虑。

知道了这么多技巧，我们也需要注意一些禁忌，避免"踩雷"。

（1）故弄玄虚。在标题中出现"不为人知"之类的词，结果内容却是大家习以为常的东西，标题与文章内容有很大的落差。

（2）标题带有挑衅的意思。标题中出现"不看后悔一生""你必须知道"等这些对观众来说有挑衅意思的词语。

（3）低俗类用语。标题中带有肯定黄赌毒等行为的用语，出现色情、暴力、低俗内容的用语。

（4）违反国家大政方针的用语。对于国家的一些大政方针，发表抨击的言论，用语极端。

第六节 哪些农产品内容更适合短视频、直播

在农村，短视频、直播的素材很多，能进行短视频、直播宣传的各种人才也不少。但是真正能让观众愿意点击收看，能够让人认可的，仍然是少数。一些乡村短视频、直播为了吸引人看，哗众取宠，无底线恶搞自己或他人，甚至出现吞灯泡、生吞活物、炸裤裆等自虐视频。这不但对自身带来很大的危险性，也误导了观众，为美丽乡村抹黑，是我们不提倡的。

那么，在内容选择上，乡村短视频、直播应该遵循什么原则，制作哪些方面的视频呢？

在选择视频内容时，应该形成自己的原则，突出自身优势。

1. 做自己喜欢做的

兴趣是最好的老师，制作短视频、直播也是如此，

你的喜欢能够给你坚持下去的动力，让你持续产出视频产品；你喜欢的必然也是你愿意用心学习乃至达到精通的方面，这样你就能将视频内容做得更加深入，做精做细，做出视频的差异化来。

比如，有的农民朋友喜欢业余时间琢磨一些小发明，可以是生活中用到的小发明，也可以是种地、务农用到的小发明，甚至有些是没有什么明确用途的东西。在这些小发明中，有些独特的发明可以制作成短视频、直播，让更多的观众看到，带给他们一些快乐、思考、惊叹。

2. 做自己有资源做的

无论做哪种短视频、直播，都离不开各种资源的配合，人、物、财的投入都不能少。

对于乡村短视频、直播来说，什么叫有资源？有资源就是不论资源你能把短视频、直播创作出来。比如，发布手工艺品制作过程的视频，你有手艺，自己录制制作过程，这是资源；你自己不会手艺，但是你认识会手艺的人，人家也愿意配合你录视频，也可以算是有资源。只要自己想做的内容，你有能力让它落实实现，那就是有资源。所以，大胆去做就好。

3.做差异化的视频

现在网络上同质化的内容可以说多如牛毛，短视频、直播行业也是如此，成千上万个人都唱一首流行歌曲，观众选谁？要想鹤立鸡群，你的视频就要与众不同，走差异化道路。首先可以增加自己视频的垂直度，就是专业度，说白了就是视频内容的深度。你够专业，够深度，就会带来权威性，看这类视频观众就会只认可你。对于乡村来说，专业农业技术就是一个垂直度高的内容领域。

淘宝直播帮助农民致富

村播计划形成特色直播助农模式

2018年"双12"期间，淘宝直播一晚上帮助原来的贫困县卖出农产品超千万元，带火了砀山梨膏、兴安盟大米等多个农产品品牌。2018年，淘宝直播举行

图 3-16　淘宝直播中的"村播"

了超过 15 万场农产品的直播，超过 4 亿人次在线收看，形成了"主播＋县长＋明星"的特色直播助农模式，有效带动了农民增收。

在 2019 年 3 月 30 日举行的淘宝直播盛典上，淘宝直播与河南、山西等 11 个省市的代表共同启动"村播计划"，宣布将覆盖全国 100 个县，帮助培育农民主播，实现 1000 位农民月入过万元。淘宝直播将为农民主播提供直播培训，帮助培育自身特色，通过直播带动农产品销售，为致富点燃火种。

为了推动村播计划的落地，淘宝与全国县域建立长期直播合作，上线"中国原产地图"，开启农产品原产地寻味之旅。此外，淘宝还与电视台合作，共同打造公益栏目，建立地域特色名片。村播项目独有"主播＋县长＋明星"特色玩法——明星以公益角色加入村播计划；县长以全新面貌进入直播间，展现风采成为"带货能手"；消费者以买代、助农增收……村播计划不仅从内容形式上为消费者带来了耳目一新的消费体验，更是联结发动了社会多方力量共同参与，共襄助农盛举。

在 2019 年天猫 618 期间，村播主播共开直播超过 1 万场，累计近 100 万小时、共销售 4000 多万元农产品，相当于 2739 名农民全年收入。村播计划启动三个月，已覆盖全国 31 个省市自治区、270 个县，共开展村播近 5 万场，参与用户超过 2 亿。"村播计划"也吸引了越来越多的政府工作人员走进直播间，为自己家乡的特产代言。截至 2019 年 6 月，全国已有 50 多位县长通过淘宝直播等平台，吆喝农产品为自己所在县"带货"，其中还有多位县长成为"网红"，被网友调侃为"被县长耽误的金牌销售"。安徽砀山县副县长朱明春在 4 次网络直播中卖出砀山梨膏和砀山油桃近 3 万件，销售金额高达 257 万元。

除了县长，普通农民也成为视频直播达人。湘西妹子九妹成了老家山村远近闻名的"直播达人"，通过淘宝直播，她带火了大山里的滞销橙子。湖南 2018 年橙子大丰收，却因为没有销售渠道而滞销，正在乡亲们犯愁时，九妹通过淘宝直播，在 13 天帮助乡亲们卖出了 200 万斤橙子。在此之前，她还曾用了 2 天的时间帮乡亲们卖出了 40 万元的滞销猕猴桃。

将直播间搬进果园，开创农产品产业带直播模式

2018 年淘宝"双 12"期间，四川农副产品基地等全国八大产业带连续直播 12 天，带动店铺销售额环比提升超过 200%。

图 3-17　淘宝直播中的助农直播

这次直播创新将直播间搬到了果农的果园中，淘宝主播现摘现卖，让消费者有了全新体验。活动当天，40 余名主播通过设立在马蹄镇果园及电商中心的数十个直播点的联合直播，在短短一天时间内总共销售当地甜橙 15 万斤。

数据显示，这次观看产业带直播的人群中，超过 6 成是店铺的新客。而很多观看产业带直播的人群在看完一场之后，也会继续关注之后的直播，从而产生了非常有趣的关联。在购买女装的顾客中有 8% 的人同时也会购买四川美食，并且人均花费在 100 元以上，麻辣鸡、烟熏腊肉这些极具四川特色的小吃，通过这场直播快速抵达了千家万户。

此前，在丰收节期间，淘宝直播就创新尝试了"农产品产业带直播"新模式，从横县的茉莉花节到响水县的淘乡甜未来农场，从象山的万船出海到呼伦贝尔的草原风光，超过 300 个县的优质农产品通过淘宝直播被推介给全国消费者。

　　淘宝直播的创新方式正在激发农村的致富活力，在淘宝直播的带动下，从草根网友到直播大 V，都可以通过淘宝直播推荐热土的好货好品，带动农产品销售，帮助农民致富。

（资料来源：中国日报网、环球网）

第七节　引流技巧与变现模式

一、依托产品高品质自动吸粉

做品牌短视频、直播营销虽说营销手段至关重要，但也不得不承认"好产品自己会说话"。无论是何种形式的营销，都是产品为王，品质第一。好的产品、好的品质是短视频、直播营销最大的利器。

美好的事物是人人都向往和追求的，好产品也不例外，好的产品自带吸粉属性。自带吸粉属性的好产品自然能够借助直播获得订单量倍增的营销效果。乡村短视频、直播营销想要达到这种效果，就需要用实力、用产品说话。

什么样好产品才能赢得粉丝青睐呢？

好产品自带价值属性。在产品功能等方面都能够满足消费者需求的情况下，消费者的需求是分散的、个性化的。因为消费者购买行为的产生，除了对功能的追求之外，更多的是用来向外界展示他们所具有的品位。这就充分体现出产品除了功能以外，还暗藏了一种价值属性。这种属性已经远远超越了产品功能给消费者带来的内心荣耀感。只有将产品做到极致，才能受到广大消费者的欢迎。极致产品有很强的品牌效应，在此基础上借助短视频、直播营销，必定会吸引无数消费用户的眼球。

好产品有情怀。有人说，做营销卖的不是产品，而是情怀。品牌中往往不缺乏情怀，但很多时候产品却缺乏情怀的表现方式。产品情怀是让消费群体感知的，而不是随口讲述来的。那么产品情怀是什么呢？有人去越南旅游的目的只有一个，那就是吃，想吃遍越南各种各样的小吃和菜品。到了越南后，他们参加了当地的一个美食团，跟着当地的导游，去吃在国内根本吃不到的特色佳肴。对于这些游客来讲，这些特色小吃就是有情怀的产品，它们来自异域，极致、美味、稀有，在当地也有非常好的口碑，因此吸引了很多游客慕名而来。

产品情怀就是在产品中注入的除了产品功能之外的

额外的情感。这种情感可以让更多的消费者认识、认知产品。在营销过程中，如果推广的产品能够自带情怀属性，必将产生惊人的营销效果。很多乡村的特色产品有非常丰富的情怀因素，甚至有些是独一无二的，值得好好挖掘。

好产品自带自媒体属性。很多时候，需求与品位相关联，也就和人性相关联。所以，产品就是极致性能＋强大的情感诉求。这两样东西会自己传播，产品有好口碑，自然在消费者心中具有较高的品位，自然能吸引众多粉丝疯狂追逐。在一定程度上，好产品中蕴含自媒体属性。当产品的价值属性和情怀属性都具备的时候，其自媒体属性自然会显现出来。在产品价值属性和情怀属性基础上的产品自媒体属性，借助短视频、直播营销的方式能让产品在广大用户中建立起足够的信任，从而有效吸粉，驱动销售。如果产品本身就是明星，同样可以起到很好的吸粉作用。

二、增加曝光率

"酒香也怕巷子深"，即使你的短视频、直播内容再好，刚开始时也没有人知道，需要主动出击，吸引别人过来看，进而让他们成为你的粉丝。刚开始用先让你的朋友成为你节目的粉丝，毕竟他们是你的准第一批用户。除此之外，你还要通过各种传播渠道增加曝光率。

1. 朋友圈转发

我们经常会在朋友圈看到别人分享的一些链接，如帮谁家孩子投票，或者哪个朋友卖东西，我们帮他在朋友圈分享他的二维码，同样的我们也可以这样做。把自己做好的视频链接分享到我们的朋友圈，如果朋友喜欢的话可以点进去看，也可以帮你转发。

2. 微信群转发

这个方法和第一个方法差不多，其实都是在利用自己现有的人脉。有的朋友很排斥把东西发到自己的微信群，因为觉得都是朋友，这样做会对自己的人际关系造成伤害。其实你也可以加一些兴趣群和行业群，每天都有朋友分享自己的节目，他们的分享除了能增加一些播放量之外，同行的朋友也会给自己的视频提出一些意见，帮助自己更好的改进。当然之前一定要和群主商量好，你可以把自己的视频分享到群里，如果你分享的内容很好，大家看了之后都想买，就可以直接找群主买了，对双方都有好处。

3. 付费获取流量

很多平台有视频的推荐机制，有免费推荐和付费推荐之分。一般免费推荐是在视频上传审核通过后，系统会先将视频进行兴趣分类，将视频推送给经常阅读这类视频的部分用户，而后根据该部分人群浏览后的完整播放率、点赞量、评论数、转发量进行数据分析，再根据视频数据质量决定是否继续推荐给更多人群。而付费推荐则比较简单，你支付一定的费用给平台，平台将你推荐给目标人群。例如，抖音的"DOU+"助力。如果你的视频不能免费被系统推荐给更多人，那么就可以用DOU+功能助力增加推荐量，花钱把视频推送给更多人，让人们看到你的视频后关注你。

"DOU+"是50元起助力，通常100元可以获得5000个推荐播放量。"DOU+上热门"分为速推版和定向版，用"DOU+"助力前，可以设置兴趣人群，推荐给相关的目标人群观看。通过"DOU+"助力流量，不仅可以给自己的视频助力，还可以给别人的视频助力。

图 3-18　付费推荐"DOU+ 上　　图 3-19　"DOU+ 上热门"
　　　　　热门"　　　　　　　　　　　　的定价

4. 参加比赛

参加比赛也能获得曝光率，如今日头条的"金秒奖"，报名参赛之后，你的作品会出现在"参赛作品"里，别人在浏览的时候有可能就会喜欢上你的作品，是一个很好的宣传手段。如果有幸入围甚至得奖，对自己的节目又是一个提升。

5. 多渠道分发

在一开始你不能保证你的视频更适合什么渠道的时

候，可以选择多渠道分发，不过这样做肯定比较浪费时间，如果团队人比较少，每天更新十几个渠道还是很吃力的，可以选择短视频助手进行视频发布，非常节省时间，很多大号在使用。

6. 蹭热度、蹭热点

蹭热度指企业或个人在真实、不损害公众利益的前提下，利用具有热点价值的事件，或者有计划的策划、组织各种形式的活动，借此制造"热点"来吸引媒体和社会公众的注意，以达到提高社会知名度、塑造企业或个人良好形象并促进产品或服务销售的目的。

热点影响力的大小与我们蹭热度引来流量的多少成正比，热点的影响力越大越有蹭的价值。影响力反馈在网络平台上往往体现为话题热度，我们可以参考百度指数、微博热度及各类风云榜单。

这里要提醒大家：对热点的判断，影响力不是唯一指标，还要考虑热点是否与我们品牌及产品的调性相符，是否受到目标用户的关注，不打无目的之仗。

蹭热点最关键的就是时效性，这要求营销人员在热点出现的第一时间作出回应。

调查显示：在热点发生的 1~6 小时内，用户会对这个事件保持最大的兴趣，等到 12~24 小时，用户会失去兴趣，因为他已经接收到大量关于热点的信息。所以，为了锁住用户宝贵的注意力，我们在蹭热点的时候一定要快速行动。

合理的蹭热点确实能给你带来一定的流量，但是有利就有弊，需要注意下面几个细节问题：

时政问题建议不蹭。这类题材很多人拿捏不准，一般人去跟风，也很难通过平台审核。

敏感问题不蹭。比如，法律严禁的或者某个时段大家都避而不谈的话题。

有争议的、含混不清的不蹭。经常有这样的消息出现，在没有确定的结论之前，你尽量不要去蹭它的热度，因为万一你的观点不对，很容易对自己账号造成影响。很多封号的事件搜与这点有关。

太热的话题不建议大家去蹭，因为热的话题你能蹭，别人也能蹭，竞争太激烈，往往你可能不占优势，所以尽量避开。

7. 与人合作互相引流

俗话说，单丝不成线，独木不成林。团结合作的重要性在短视频、直播领域同样适用，好的合作能得到

1+1>2 的效果。

合作对象可以是淘宝商家、各大直播平台、其他个人和机构等。和淘宝商家合作需要你有一定的淘宝资源。我们在淘宝买东西的时候，会收到一些卡片和赠品，卡片一般是退换货说明卡片，赠品一般就是和购买的东西相关的小配饰，如手机壳。试想一下，如果你把自己的视频二维码印在这些卡片和赠品上，免费提供给商家，商家拒绝的可能性会比较小，而顾客收到之后可能会因为好奇去扫描这些二维码，这样就为你带来了用户。

也可以与其他账号互相导流。就是我帮你转发你的内容，你帮我转发我的内容。但是找合作对象也是有技巧的。比如，尽量不找同类型的视频，因为你们的粉丝与你重叠；也不能类型相差太大，你做水果产品的，找个搞养殖的合作，这样效果可能也不太好，因为二者的粉丝感兴趣的东西是不一样的，所以一定要注意粉丝的重合性和差异性。

8. 多参加各种活动

做活动的目的就是让更多的人知道我们，最好能够钱花得少，效果还好。比如，各个平台举办的比赛、公益活动等。

9. 转发抽奖

这类活动很常见，特别是一个新号想要吸引粉丝，转发抽奖是很粗暴、简单有效的方式，毕竟没人和钱过不去，转发就是动动手指的事情，万一中奖了呢？

10. 付费推广

专业的人做专业的事，各个平台都有付费推广渠道，一些网络明星也有收费帮人推广的业务，他们的运作已经比较成熟，通过付费导流，能够第一时间将你的短视频、直播推到观众视线中。当然这种吸粉方式需要一定的资金支持，更适合企业操作。

三、农产品短视频＋直播的变现模式

1. 销售产品直接变现

短视频、直播最直接的变现方式就是销售产品。很多短视频、直播平台支持购物车功能，粉丝可以在收看视频的时候，直接把自己喜欢的商品放到购物车购买。一些平台如抖音是支持外部链接的，也就是说，你可以在抖音上面放上你的商品链接。我们在刷抖音的时候，会刷到一些商品，这就是利用抖音变现的手段。如果你的粉丝足够多，上推荐的概率也就比较大。抖音捧红了很多商品，现在淘宝上也有很多抖音爆款，所以如果你在抖音上直接卖抖音爆款，这样可能销售量更大。

图 3-20　抖音商品分享和购物功能　图 3-21　申请分享商品

　　还有很多人会把在短视频、直播平台上的人引流到微信上进行产品销售，如在签名位置隐晦地写出微信号，因为平台往往不让写联系方式，所以可以采取一些规避的手段。

　　销售产品变现的另一种方式是给线下店铺引流，通过把粉丝吸引到线下实体店来促进销售。有很多开实体店把排队购买的热闹场面、产品生产的过程等视频放到短视频和直播平台，吸引别人观看。传播范围广了，尤其是同城传播足够广，很容易吸引消费者到实体店购买。

2. 广告变现

当你的流量足够多的时候，自然而然会给人找上你，帮他们发广告，支付你一定的广告费。以抖音为例，这是抖音流量池中，不借助第三方平台变现，也是抖音官方认可和支持的变现方法，就是通过短视频或者个性签名中植入商家的软文广告，商家会给达人一定的佣金作为报酬。官方之所以认可，是因为这种变现的方法不伤粉，而没有做出其他平台引流的行为。目前抖音一个粉丝的价格大概在2分钱，广告主最关心的是粉丝体量和精准度。

3. 渠道分成

为了鼓励用户创作更多更好的视频内容，很多短视频、直播平台会出台一些鼓励政策，常见的做法就是给作者提供平台分成。平台的分成主要来自广告受益、观众打赏分成、平台补贴。

以今日头条为例，作为老牌的自媒体渠道，其收益方式主要是以下几种：平台分成、平台广告的收益、观众打赏收益、问答奖励等、千人万元计划、自营广告。

　　头条渠道在"新手期"阶段是只有少量的头条广告收益。而想得到平台分成就一定要度过"新手期"。而其中观众打赏功能、千人万元计划则是要得到内容"原创"标签了。有原创的内容可以获得"观众赞赏"功能，可从文章读者处获得额外收益，并且有"原创"标记的内容可获得更多广告收入。

　　有分成的平台并不是说只要你一发了视频就有分成，需要满足一定的条件才能加入分成计划，各个平台的要求并不完全一致，需要你根据自己的优势进行选择。

第八节　电商平台如何做农产品短视频、直播

　　电商短视频、直播这个概念其实很好理解，简单来说以电子交易为目的的短视频、直播都可以称为电商短视频、直播，比较典型的代表就是淘宝、天猫、京东上面的商品主图视频、直播版块，这些都算电商的短视频和直播。而且现在不管是淘宝还是京东，都非常注重平台内容的短视频化、直播化，为了鼓励商家用短视频内容替代传统的图片和图文内容已经制定了明确的流量加权政策。

　　为什么电商平台会这么重视短视频和直播呢？电商就是一个商场，不仅售卖各种品类的商品，还要提供餐厅、甜品、电影、电玩等服务，通过这些娱乐消费可以增加消费者的停留时间，平衡每个楼层的客流量。电商

商家或者是短视频、直播从业者要做的就是提供这样的附加服务，留住客户，让他多停留，进而产生购买。

目前来看，电商短视频、直播有两个主要的用途：一是用于商品展示，二是用于内容引流。用于展示的电商短视频一般只出现于电商平台，主要发布在商品主图和详情页位置。用于引流的电商视频适合发行的渠道就比较多了，如电商平台的发现板块、内容资讯渠道、垂直类渠道、短视频渠道等。

下面以抖音电商为例，将要介绍农产品如何使用电商中的短视频和直播营销。

1.抖音电商功能的内容

抖音的电商功能主要包括个人主页橱窗、视频电商、直播电商3个功能。

2.如何申请

在"设置"中，找到"商品分享功能"，点击"立即开通"。抖音账号粉丝量达1000个即可申请抖音电商功能，只要完成实名认证、发布视频数量大于等于10个，就可以开通电商功能。

申请成功之后，需要申请"个人主页商品橱窗"权限，完成新手任务，也就是在橱窗里添加10个商品等待审核（审核时长一般 24 小时内），如 10 天内未完成添加 10 个商品，权限会被收回，权限被收回后，7 天内不可再次申请。橱窗权限通过后，才能解锁"视频电商权限"，发布两个带有购物车的视频（注意商品要和视频内容有相关）。有视频电商权限且有直播权限的账号，自动开通"直播电商权限"。

3. 如何在个人主页橱窗和视频中添加商品

橱窗功能开通后，点击个人主页"商品橱窗"—右上角"电商工具箱"—"商品橱窗管理"添加商品。发布视频的同时添加商品，视频发布后不支持添加商品。

（1）商品要加淘宝客。添加商品时提示"该商品还未加入淘宝客，请选择其他商品"或者"该商品无法添加，请选择其他商品"。

"淘宝商品"只支持加入淘宝客推广的商品，出现以上提示说明添加的商品还未加入淘宝客或加入还未生效（加入淘宝客 24 小时后生效）。如果添加的是自己淘宝店的商品，需复制商品淘口令，打开淘宝联盟 APP，通过弹窗提示来检查商品是否成功加入淘宝客；如果添加的不是自己店铺的商品，下载淘宝联盟 APP（淘宝联盟商品都已加入淘宝客），选择商品并复制链接添加。

（2）dsr 标准。店铺的 dsr（描述、服务、物流）要求：除服装类的标准大多为描述高于等于行业平均，服务、物流不低于 4.7 分。添加商品时提示"不支持'描述低于行业平均'的商品推广，请选择其他商品"，说明该商品所属的店铺没达到抖音要求，需要先提升店铺 dsr 或者添加其他店铺的商品。

（3）禁售品类。禁售商品类：医疗类、成人用品、投资金融类、安防工具类、管制刀具、违禁工艺品、收藏品类、高仿产品、殡葬、烟草制品、妨害正常秩序产品、危险物品、"三无"产品、宗教类、内衣、宠物活体、蓝光美牙仪、水晶泥等商品暂不支持售卖

（4）商品标题关键词。添加商品时提示"不支持××推广，请选择其他商品"，检查该商品标题是否存在屏蔽词，比如商品标题中不可以出现抖音、抖音同款、抖友等字样。仔细检查标题，在淘宝修改生效后再提交。

第四章

手机支付让生产生活更方便

第一节 手机支付的发展

手机支付也称为移动支付（Mobile Payment），是指允许移动用户使用其移动终端（通常是指手机）对所消费的商品或服务进行账务支付的一种服务方式。继银行卡类支付、网络支付后，手机支付俨然成为新宠。其应用领域现在一般包括充值、缴费、小商品购买、银证业务和网上服务等。

作为新兴的电子支付方式，手机支付拥有以下特点：

（1）不受地域、时空限制，方便易行

即便是目前最为流行的 24 小时都可以进行的网上支付方式，也需要一台电脑和网线连接才能完成。可手机支付只需有一台手机，拨打相应电话或发送短消息，即可购买急需的物品或完成其他金融服务。

（2）兼容性好

以银行卡为例，目前中国的银行卡种类很多，要让POS机能够兼容所有的银行卡显然难度很大，而移动运营商只有中国移动和中国联通。因此，很容易解决兼容性的问题，广大手机用户可以很方便地使用移动支付业务。

（3）支付成本低

利用手机支付，移动运营商可以只收很低的电话费或短消息费用。甚至于，可以不收，移动运营商可以通过与商家利润分成或者广告来实现业务收入。

在国内，中国移动和中国联通较早地开展了手机支付业务的试点。2001年6月，深圳移动与深圳福利彩票发行中心合作建设了手机投注系统，开通了深圳风采手机投注业务。2001年10月，中国联通与51CP（中彩通网站）合作推出世界杯手机投注足球彩票业务。2002年5月，中国移动开始在浙江、上海、广东、福建等地进行小额支付试点。浙江移动在嘉兴地区试行开通小额支付业务提供网上支付、话费充值、自动售货机等服务。广东移动、福建移动和江苏移动也搭建了本省的小额支付平台，提供足球彩票和福利彩票投注等服务。

近年来，手机支付成为居民日常支付的主要方式。

无论是一线城市，还是偏远农村，无论是饭店、商场，还是路边菜摊，微信支付、支付宝等手机支付已经成为很多人的主要支付方式。数据显示，2021年我国移动支付业务金额为 526.98 万亿元，较上年同比增长 21.9%。从细分市场来看，第三方支付平台是移动支付中最主要的组成部分。2021 年，我国第三方移动支付交易规模为 379 万亿元，较上年同比增长 39.9%，占移动支付业务金额的比重为 71.9%。手机支付与民生息息相关，已经成为政府关注的重点。

中国移动手机支付的推广和应用对于商户、服务提供商和消费者具有非常重要的意义：

1. 对于商户而言，中国移动手机支付将为自身业务的开展提供没有空间和时间障碍的便捷支付体系，在加速支付效率，减低运营成本的同时也降低了目标用户群的消费门槛，有助于进一步构建多元化的营销模式，进一步提升整体营销效果。

2. 从服务提供商角度来看，在完成规模化推广并与传统以及移动互联网相关产业结合后，中国移动手机支付所具备的独特优势和广阔的发展前景将为服务提供商带来巨大的经济效益。

3. 对许多消费者来讲，中国移动手机支付使得支付资金携带更加方便，消费过程更加便捷简单，消除了支付障碍之后，可以更好的尝试许多新的消费模式，同时如果配以适当的管理机制和技术管控，支付资金的安全性也会得到进一步的提高。

第二节　手机银行的功能与使用方法

一、手机银行的功能

移动银行（Mobile Banking Service）也可称为手机银行，是利用移动通信网络及终端办理相关银行业务的简称。作为一种结合了货币电子化与移动通信的崭新服务，移动银行业务不仅可以使人们在任何时间、任何地点处理多种金融业务，而且极大地丰富了银行服务的内涵，使银行能以便利、高效而又较为安全的方式为客户提供传统和创新的服务。

手机银行是由手机、GSM 短信中心和银行系统构成的。在手机银行的操作过程中，用户通过 SIM 卡上的菜单对银行发出指令后，SIM 卡根据用户指令生成规定格式的短信并加密，然后指示手机向 GSM 网络发出短信，GSM 短信系统收到短信后，按相应的应用或地址传给相应的银行系统，银行对短信进行预处理，再把指令转换成主机系统格式，银行主机处理用户的请求，并把结果返回给银行接口系统，接口系统将处理的结果转换成短信格式，短信中心将短信发给用户。

目前招行、兴业、浦发、光大、农行、交行等金融机构均推出网上银行、手机银行等银行类业务，手机银行模式产生的数据流量费用由移动运营商收取，账户业务费用由银行收取。该类支付主要优势在于无政策风险，风险控制成熟；该类支付主要缺陷是没有提供"信用担保"，用户付费后再追回的可能性基本为零。

二、手机银行的安装和使用

手机银行的安装和使用流程如下（以招商银行手机银行为例）：

目前，招商银行手机银行有 iPhone 版、Android 版、HTML 版。（手机上无法使用专业版）手机银行登录无须开通功能，下载、安装均不收费。但手机银行支付、转账等功能需要开通后才能使用。

手机银行功能：账户查询、转账汇款、信用卡还款、充值缴费、申购赎回基金及理财产品等多种金融应用。

手机银行特点：功能全面、操作方便、安全可靠。

1. 首先开通网上银行业务。农民朋友可以去银行柜台办理该项业务。只需要出具身份证和银行卡，以及手机号码即可开通。

2. 下载手机银行客户端。确保手机银行业务正常开通后，就可以从网上下载手机银行客户端，可以在招商银行的网址扫码下载，也可以在手机应用市场中搜索相关 APP，下载后安装。

3. 打开手机中的"数据开关"，然后运行手机中的银行客户端"招商银行"。

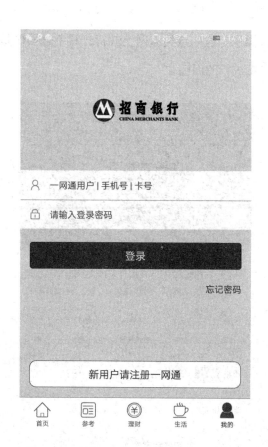

4.打开手机银行 APP，点击首页右下角的"我的"菜单，跳转到手机银行登录和注册界面。输入账号和密码即可登录。未注册的农民朋友可以选择新用户注册选项，完成注册后再登录。

5.登录进入手机银行操作界面，选择自己需要的业务进行操作。这一点类似网上银行，只不过操作是在移动客户端进行的而已。

对于具体的手机银行操作，我们以转账为例做一演示。

手机号转账指客户通过手机银行、网上银行（含专业版和大众版）、PAD 银行渠道向任意手机号转账的功能。付款时，只需填写收款人的手机号码、姓名、金额等信息便可从客户卡号向注明的收款人转出资金。

现在为您介绍如何通过手机银行进行手机号转账：

第一步：扫码下载招商银行手机银行（如已经安装手机银行 APP，可直接进入第二步）；

第二步：登录您的手机银行，点击转账；

第三步：选择手机号转账（付款）；

第四步：选择付款的一卡通，输入收款方手机号；再确认转账信息并输入验证码和取款密码。

备注：通过手机银行进行手机号转账，每日累计转账限额为 5000 元；收款人手机号码需绑定收款账户，款项将实时入账，否则款项将在付款人账户中冻结；收款人未在 5 天的有效期内绑定收款账户，款项将自动在付款人账户中由冻结状态改为解冻，说明转账不成功。

三、微信银行的使用

2013年7月2日，招商银行宣布升级了微信平台，推出了全新概念的首家"微信银行"。

自微信开放了公众平台消息接口后，国内多数银行推出微信客服号，招行信用卡中心的微信公众号推出微信客服号，用户可查询账户余额。

农民朋友怎么使用微信银行呢？

在微信中，点击添加按钮，以一家银行为例，输入一家银行的名字，一般添加银行全称即可，这样就轻松完成了对某一家银行微信银行的关注。打开某家银行的微信关注号，可以发现该银行提供了关于信用卡、悦生活、微金融等模块。每个模块下均有相应的具体服务项。以信用卡为例，点击信用卡，则出现一条下拉菜单，包括账单查询／还款、额度查询、账单分期、信用卡申请以及更多服务。账单查询顾名思义就是对你所持有的信用卡已消费额度的查询。使用者只需将其信用卡账号的四位尾数输入即可。简单的操作就能让持卡者轻松完成账单查询。

　　值得一提的是，在微信银行信用卡下拉菜单中还有一项"更多服务"，只需点击就会出现譬如请回复序号选择您需要的服务。操作者只需回复服务对应的序号即可进行相应操作。如建设银行微信银行中，"账单查询/还款"项目下，序号与服务的对应如下：【3】还款、【4】查询历史账单、【5】查询客户星级、【6】个人资料修改、【7】申请账单分期、【8】设置查询密码。以【6】为例，一般信用卡个人信息的修改均需致电信用卡发卡行的服务热线。然而在拨打服务热线时，不说人工服务有时间限制，仅拨号就容易遇到"对不起，服务繁忙，请稍后再拨"的困扰。而微信银行就能轻松帮你解决这些问题。

　　微信银行使用的多了，很多农民朋友会担心安全问题，那么微信银行是否安全呢？该如何防范微信银行的风险？

在微信银行服务中，微信成为银行导流的重要入口，不但腾讯公司在微信银行的安全上进行了软硬件的设置，各大银行也对客户账户、资金安全的问题进行了防范。如招商银行的微信银行中凡涉及客户私密信息的功能，均将在招行手机银行后台进行办理，招行手机银行采用 SSL 安全协议进行高强度的数据加密传输，即使网络传输的数据被截获，也无法解密和还原。同时，招商银行采用双重密码、图形验证码等全方位安全措施，以确保客户资金与信息的安全。在登录时要提供登录名、密码，即使手机被他人操作，不知道密码也将无法登录。在用户退出手机银行或关闭手机浏览器后，手机内存中临时存储的账户密码等信息将自动清除，不会在手机上保存。如果用户打开手机银行，超过一定的时间未操作，银行后台系统将自动注销登录。

"微信银行"可以进行的交易都是账户内的，相对还是比较安全的，最大的风险在于账户信息的外泄。如果手机丢失，要在第一时间挂失关联的银行卡，冻结账户，这样就可以避免风险。

开通"微信银行"时，用户要确保关注的是官方公众号；在可靠的无线网下使用；对于敏感度较高的信息，如验证码、身份证号码、卡号、密码等，持卡人不要在微信中回应；变更号码等信息时，及时去银行网点办理。

下面介绍五个招数来防范微信银行的安全问题，希望广大农民朋友借鉴。

1. 不要急着付款

在用微信银行支付时不要着急，一定要看清楚再支付，不给诈骗和盗窃者以可乘之机。

对于敏感度较高的信息，比如使用微信银行支付账单的信息、身份证号码、银行卡号、卡号密码等信息，微信银行的使用者应当持高度警惕，不要在微信中轻易回复。

2. 个人信息不公开

隐私设置要注意个人信息不随便公开。微信中的"附近的人"这一功能曾受许多用户的热捧，由于该功能可对他人进行定位，建议用户在使用完该功能后及时关闭，此外，用户应在隐私栏目中慎重设置朋友圈的权限，不随便对外公开个人信息。

3. 敏感信息慎提

在与他人聊天中，避免提及敏感信息。当聊天内容中涉及"账号、密码、转账、付款"等敏感信息时，建议用户不要在微信中回应，即便是微信中家人询问，也最好电话打过去问清是否属实。

在收到微信提醒的同时，用户还应及时通过语音、视频等多种手段仔细核实对方的身份，确保聊天信息的安全、真实，保障财产安全。

4. 设置手机锁屏密码

建议用户设置手机锁屏密码，微信支付密码切勿设置成与手机锁屏密码或者其他密码一致。据了解，他人拾获手机时如果想修改密码，必须通过原密码验证方可修改。如直接选择忘记密码并想找回，则需要同时验证卡号、有效期、姓名、身份证并使用银行预留手机号接收验证码方可找回。而本身微信支付中并不会显示已绑定银行卡的完整卡片信息，因此他人无法通过微信支付银行卡界面获取相关信息。如果手机、身份证、钱包同时丢失，用户可通过微信支付客服反馈情况，微信支付核实后会进行交易异常判断、账户紧急冻结等手段，保证用户账户安全。

5. 银行服务综合使用

持卡人最好将"微信银行"、电话银行、手机银行，以及传统的分支行综合起来使用，不要因为数字化而放弃关注其他渠道的服务能力。

第三节　支付宝的功能与使用方法

一、支付宝的功能

第三方支付是指一些和产品所在国家以及国外各大银行签约、并具备一定实力和信誉保障的第三方独立机构提供的交易支持平台。在该交易中，买方选购商品后，使用第三方平台提供的账户进行货款支付，由第三方通知卖家货款到达、进行发货；买方检验物品后，就可以通知付款给卖家，第三方再将款项转至卖家账户。

第三方支付平台提供一系列的应用接口程序，将多种银行卡支付方式整合到一个界面上，负责交易结算中与银行的对接。

2017 年 1 月 13 日下午，中国人民银行发布了一项支付领域的新规定《中国人民银行办公厅关于实施支付机构客户备付金集中存管有关事项的通知》，明确了第三方支付机构在交易过程中，产生的客户备付金，今后将统一交存至指定账户，由央行监管，支付机构不得挪用、占用客户备付金。

目前国内有三百多家第三方支付平台。中国国内知名的第三方支付网站平台主要有支付宝、微信支付、财付通、快钱、百度钱包、网银在线等。

在第三方支付交易流程中，支付模式使商家看不到客户的信用卡信息，同时又避免了信用卡信息在网络上多次公开传输而导致信用卡信息被窃。

以 B2C 交易为例：

第一步，客户在电子商务网站上选购商品，最后决定购买，买卖双方在网上达成交易意向；

第二步，客户选择利用第三方作为交易中介，客户用信用卡将货款划到第三方账户；

第三步，第三方支付平台将客户已经付款的消息通知商家，并要求商家在规定时间内发货；

第四步，商家收到通知后按照订单发货；

第五步，客户收到货物并验证后通知第三方；

第六步，第三方将其账户上的货款划入商家账户中，交易完成。

第三方支付平台的个性化服务，使得其可以根据被服务企业的市场竞争与业务发展所创新的商业模式，同步定制个性化的支付结算服务。

在缺乏有效信用体系的网络交易环境中，第三方支付模式的推出，在一定程度上解决了网上银行支付方式不能对交易双方进行约束和监督，支付方式比较单一；在整个交易过程中，货物质量、交易诚信、退换要求等方面无法得到可靠的保证；交易欺诈广泛存在等问题。

其优势体现在以下几方面：

（1）比较安全，信用卡信息或账户信息仅需要告知支付中介，而无须告诉每一个收款人，大大减少了信用卡信息和账户信息失密的风险。

（2）支付成本较低，支付中介集中了大量的电子小额交易，形成规模效应，因而支付成本较低。

（3）使用方便。对支付者而言，他所面对的是友好的界面，不必考虑背后复杂的技术操作过程。

（4）支付担保业务可以在很大程度上保障付款人的利益。

支付宝（中国）网络技术有限公司是国内领先的独立第三方支付平台，自2014年第二季度开始成为当前全球最大的移动支付厂商。支付宝主要提供支付及理财服务，包括网购担保交易、网络支付、转账、信用卡还款、手机充值、水电煤缴费、个人理财等多个领域。支付宝的优点是，只要有手机，只要下载了支付宝APP就可以实现付款。而且，支付宝在不绑定银行卡的情况下，还能直接透支，所以，出去买东西再也不用担心余额不足了。

二、支付宝的安装与使用

下面，我们介绍一下支付宝的安装和使用流程：

1. 通过扫码或者手机应用市场的搜索，找到支付宝的安装程序。

2.点击"安装"按钮，下载并安装到手机。

3.安装完成后点击手机 APP"支付宝"按钮，打开支付宝程序，进入登录和注册界面。这里可以用手机号、邮箱、淘宝会员名登录。

4.选择要进行的业务进行操作,如付钱、收钱、转账等。一些常用的业务选项都在支付宝APP界面的显著位置。

支付宝与国内外180多家银行以及VISA、Master Card 国际组织等机构建立了战略合作关系,成为金融机构在电子支付领域最为信任的合作伙伴。

支付宝是一个比较方便快捷的第三方支付平台,无时无刻方便着人们的生活。支付宝的功能很多,常用的有收付款、转账、信用卡还款、充值中心、各类生活缴费、滴滴出行、快递、城市服务、余额宝理财、红包等。

下面介绍几个人们生活中最常用的功能。

1. 转账

在支付宝的界面点击"转账"，转账的方式可以有三种，一是"转账给我的朋友"，这必须是你在支付宝上加其为朋友；二是"转到支付宝账户"，需要你有对方的支付宝账户；三是"转到银行卡"，你需要知道对方的姓名、卡号、开户银行等信息。选择其中一项，然后输入转账的金额数字，根据提示输入自己的支付密码就可以了。

2. 红包

新年来了，人们通常都会选择用纸质红包来发红包，现在，支付宝出了一种新玩法，那就是电子红包，这个红包功能比较方便，而且还有益于环保。这是近两年支付宝开发的一项新功能，推出以来获得了大量用户的喜爱。"个人红包"就是单独发给个人的红包，"群红包"就是在群里设置红包数目和金额，让大家抢你的红包。AR 实景红包是支付宝于 2016 年 12 月 21 日推出的红包新玩法，用户将基于"LBS+AR+ 红包"的方式发、抢红包。用户可以在支付宝上点击"红包"，选择"AR 实景红包"，再选择"藏红包"，分别设置完位置信息、线索图、领取人等后，就生成了 AR 实景红包。之后，再将线索图通过支付宝、微信、QQ 等社交平台发送给朋友，邀请他们来领取。

手
机
助
农
增
收
实
操
一
本
通
：
手
机
变
农
具
，
增
收
好
帮
手

3. 手机充值

以前没有支付宝的时候，手机话费一旦没有了，就要出去外面报亭或者营业厅去充值话费。自从支付宝的出现，现在可以足不出户地在支付宝上充话费。你只需要把自己的手机号码输入进去，下面有充值话费的面额可以选择，点击之后再输入支付密码就可以完成充值了。

4.余额宝

余额宝是支付宝推出的一项余额理财产品。把资金转入余额宝，实际上是购买了一款由天弘基金管理有限公司管理并销售的天弘余额宝货币市场基金，可以随时转入、转出或消费；转入余额宝的资金不仅可以获得收益，还能随时消费支付，非常灵活便捷，赚钱、花钱两不误。与银行存款相比，余额宝可以随时提现，银行不可以随时提现，因为它是固定的，而且收益比银行高。

支付宝还提供其他理财选项，可以在"余额宝"界面点击"去理财"按钮，根据自己的情况和里面的理财产品选择合适的进行操作。

5. 订火车票、飞机票

一般来说，12306 是官方订火车票的 APP，订飞机票更多的是使用携程网。现在，机票火车票都可以在支付宝 APP 中进行订票，这个也是订票的好选择，便利大家的出行，让农民朋友们可以随时随地购买火车票、飞机票等，以把握农产品销售的商机。

第四节　微信支付的功能与使用

一、微信支付的功能

微信支付是集成在微信客户端的支付功能，用户可以通过手机完成快速的支付流程。微信支付向用户提供安全、快捷、高效的支付服务，以绑定银行卡的快捷支付为基础。

支持支付场景：微信公众平台支付、APP（第三方应用商城）支付、二维码扫描支付、刷卡支付，用户展示条码，商户扫描后，完成支付。

用户只需在微信中关联一张银行卡，并完成身份认证，即可将装有微信APP的智能手机变成一个全能钱包，之后即可购买合作商户的商品及服务，用户在支付时只需在自己的智能手机上输入密码，无须任何刷卡步骤即可完成支付，整个过程简便流畅。

目前微信支付已实现刷卡支付、扫码支付、公众号支付、APP支付，并提供企业红包、代金券、立减优惠等营销新工具，以满足用户及商户的不同支付场景。

微信支付在农村得到了广泛推广，农民在销售农产品、购买农业生产资料、融资、理财等多个领域都可以使用微信的支付功能。小到一些农村集市的交易、小卖部的买卖，大到一些农业企业的商品和服务交易，都能看到微信支付的身影。

随着微信大军蜂拥而至，银行也看到了微信平台数亿的用户资源，自微信开放了公众平台消息接口后，国内多数银行推出了微信客服号，招行信用卡中心的微信公众号首先推出了微信客服号，用户可查询账户余额。继招行首家推出微信银行后，目前工行、农行、中行、建行、交行、浦发、民生、兴业、光大等银行都已经推出了微信银行。且有部分银行还推出了"金融版微信"。

目前微信银行可以提供的服务已经比较全面，涵盖借贷卡、信用卡两种服务，不仅实现了借记卡账户查询、转账汇款、信用卡账单查询、信用卡还款、积分查询等卡类业务，还实现了网点查询，贷款申请、办卡申请、手机充值、生活缴费、预约办理专业版和跨行资金归集等多种服务。在微信平台的信用卡服务中，可以分为两类，一类是一些商业银行的信用卡系列功能；另一类则是部分没有真正意义上的"微信银行"，而是单独设置的信用卡服务中心。

以广发银行信用卡中心为例，用户关注官方微信并绑定信用卡后，即可通过微信实现如实时交易提醒、账单查询、额度查询、分期办理、额度调整、还款、信用卡激活、办卡等基本功能。

二、微信支付功能的使用

（一）安装微信 APP

在手机上安装微信的 APP 有三个途径：

1. 手机直接安装微信

利用手机直接上网，然后找到手机型号适合的版本，如在手机的"应用市场"APP 中搜索微信安装程序，利用手机的流量或者是免费无线网络，在手机上直接下载微信后，完成安装。或者通过手机扫描二维码，连接到安装下载页面后，安装软件。

2. 电脑下载微信安装程序后安装

通过电脑，进入微信官网，在电脑上下载微信的安装程序。然后将电脑和手机利用 USB 连接，或者将手机外置 SD 卡插入电脑中，将微信安装程序拷贝到手机储存或者外置 SD 卡中后，再完成微信的安装。

3. 利用第三方工具软件安装微信到手机中

首先利用数据线将电脑和手机连接，其次打开在电脑和手机中已安装好的第三方软件（豌豆荚、360 手机助手、百度手机助手等），通过第三方软件连接手机和电脑之后，在电脑的第三方软件中找到微信，然后单击进行下载安装。

（二）微信支付功能的使用

现在，微信的支付功能越来越受到广大农民的喜爱，很多交易都可以通过手机来进行，尤其是随着农村微商的发展，微信支付为微商交易的顺利进行提供了便利的结算工具。下面我们介绍一下微信的常用支付功能。

1. 用户绑定银行卡

用户只需在微信中关联一张银行卡，并完成身份认证，即可将装有微信APP的智能手机变成一个全能钱包，之后即可购买合作商户的商品及服务，用户在支付时只需在自己的智能手机上输入密码，无须任何刷卡步骤即可完成支付，整个过程简便流畅。

手机助农增收实操一本通：手机变农具，增收好帮手

（1）打开微信，进入到"我"选项，点击"钱包"；

（2）进入到"钱包"选项后，点击右上角"银行卡"，进入到"我的银行卡"选项后，点击"添加银行卡"可设置密码；

（3）根据提示输入银行卡的持卡人姓名和卡号；

（4）填写卡类型、手机号码，进行绑定；

（5）手机会收到一条附带验证码的短信，填写后确认；

（6）两次输入，完成设置支付密码，银行卡绑定成功。

2. 基本支付功能

（1）收付款

打开微信，进入到"我"选项，点击"钱包"，点击左上角"收付款"按钮，弹出条形码，对方作为商户即可扫码收款。如果自己需要收款，则在"收付款"界面点击下方的"我要收款"，弹出二维码，对方扫码即可向自己付款。

（2）手机充值

打开微信，进入到"我"选项，点击"钱包"，进入"我的钱包"界面，点击"手机充值"，进入充值界面，输入手机号，选择要充值的额度，支付后即可给手机充值。

（3）"微粒贷"借钱

"微粒贷"是国内首家互联网银行腾讯微众银行面向微信用户和手机 QQ 用户推出的纯线上个人小额信用循环消费贷款产品，2015 年 5 月在手机 QQ 上线，9 月在微信上线。"微粒贷"采用用户邀请制，受邀用户目前可以在手机 QQ 的"QQ 钱包"内以及微信的"微信钱包"内看到"微粒贷"入口，并可获得最高 30 万元的借款额度。

作为微众银行推出的一款互联网银行贷款产品，"微粒贷"具有以下特点：

无抵押、无担保：传统金融机构提供的个人贷款，大部分要求借款人提供抵押等担保，无法提供担保或者名下没有固定资产的个人用户很难获得贷款。"微粒贷"无须抵押和担保，不需要提交任何纸质材料，能够较好地满足信用良好的个人用户的小额融资需求。

7×24 小时服务，最快 1 分钟完成放款："微粒贷"依托严谨的风险控制规则及完备的技术支持体系，提供 7×24 小时线上服务，办理手续便捷高效，全部流程都在手机上操作完成，借款可最快 1 分钟到账。

随借随还，提前还款无手续费：传统金融机构大多要求用户在还款日当天还款，用户如果希望提前还款，需要申请并缴纳手续费。除常规默认代扣还款外，"微粒贷"亦支持用户随时结清贷款，且不收取任何其他额外的手续费用。

（4）理财通

理财通是腾讯财付通与多家金融机构合作，为用户提供多样化理财服务的平台。农民朋友可以选择理财通上的合作基金进行理财，有货币基金、定期理财、保险理财、企业贷理财等，农民朋友可以通过购买这些理财产品来配置自己手里的钱，使受益最大化，满足日常的农业生产、生活需要。

（5）第三方服务

微信除了自己提供的服务，还引入了第三方服务，为第三方服务商提供平台。现在微信的第三方服务包括火车票机票、京东优选、外卖、酒店等。可以满足农民朋友日常购物、出行的需要。

手机助农增收实操一本通：手机变农具，增收好帮手

第五节　手机支付安全防范

2022 年 8 月 13 日下午 4 点左右，农民晓峰收到"10086"发来的短信，短信内容是这样的："尊敬的用户：您的话费积分已满足兑换 278 元现金礼包，请登录 10086.xxxx.pw 根据提示安装激活即可领取，中国移动。"看到这样的短信，晓峰也没别的猜疑，就觉得是"10086"发来的，应该不会有假，于是便根据短信中给的网址登录了该网站。

打开该页面后，显示的都是移动公司的福利，包括领取礼包、换礼品、话费积分兑现金等。而对于积分兑现金的领取则需要填写个人信息，晓峰依照页面上的要求，填写了"姓名、身份证号、银行卡号、银行预留手机号、验证码"等个人信息并提交。

　　"登录该网站领取现金"的这段时间里，晓峰刚好正在农村淘宝网站购买农用物资，当他淘完东西想要支付的时候，电脑却显示"余额不足"。当时晓峰就懵了，刚刚买的两样东西花了100多块，他的卡里明明还有3000多，怎么就余额不足了呢？晓峰马上打电话给银行，银行工作人员告诉他卡里只有6块多钱。

　　难道刚刚提交个人信息后卡里的钱就被盗了？晓峰还是不敢相信，于是便报了警，警察告诉他，他收到的信息是不法分子通过"伪基站"冒充10086发来的诈骗短信。

　　"伪基站"能干扰网络信号、任意模拟号码发送垃圾短信，不仅模拟手机号码、商户号码，甚至模拟10086、13800138000、银行号码等，发送商业广告短信、发票类短信和诈骗类信息。同时，还会导致手机用户信号不稳定，无法拨打电话和手机上网等。

　　根据一项调查结果显示，在中国每五个人中就有四人担心手机网络犯罪。手机所从事的活动有在线阅读、访问社交网络、在线购物或是移动支付等。从前大家的休闲娱乐活动就是在一起聊天，而现在由于智能手机的盛行，人们都在拿着手机上空间或是刷微信，还有人利用手机进行购物，还有的进行手机银行转账等。不可否认的是，手机已然成为我们越来越依赖的东西，正如我们变得越来越依赖互联网一样。

目前，移动支付作为一种新兴的支付方式，其便利性使得其已成为一种潮流，但是移动支付存在的安全隐患也要引起我们的重视。以下列举对于三种手机支付隐患的防范措施：

1.看清二维码再进行扫描

人们在用手机支付时往往得到了方便，却忘记了其背后隐藏的风险。前不久，张女士在和朋友逛街时看到有家店门口有扫二维码购买优惠的信息，就很自然地拿出手机扫码加关注。结果在第二天竟然收到关联银行卡的消费短信，消费并非本人完成，后来才发现支付的原因正是因为当天误扫二维码造成。

近几年来，二维码逐渐成为传递信息的便捷途径，自 2013 年下半年开始，更被广泛用于手机支付中。现在当用电脑打开支付宝，转到支付页面就会见到通过二维码支付的选项。用手机客户端扫二维码便能直接完成付款，比通过 PC 端线上支付的便利性的确有所提高。另外，为了推广手机客户端或促销，在不少商家通过二维码支付能够得到一定优惠。的确，这些推广活动让智能手机用户扫码成为习惯。

对此，相关专家提醒，手机支付用户不要随意扫描来源不明的二维码，二维码不是绝对安全的，其中也可能包含手机病毒信息。同时，在支付前需确认支付渠道，从电脑上扫码前要看准网站域名。

2. 验证码不轻易给他人

目前，一种病毒就利用了移动支付的特点，可以截获短信形式发送的动态验证码，通过社会化工具，获得用户电话，伪装成银行人员，骗取用户的身份证号，窃取到这些信息之后，把用户的资金盗走。

短信诈骗在人们耳中早已不陌生，但随着人们对线上支付和手机支付的使用率增加，当下通过窃取短信来诈骗的案例也日渐增多。调查显示，近五成被调查者网购时曾遇到过网络转账欺诈诱导。比如消费者通过网络商店选购一件物品，支付成功不久后接到电话，对方在电话中自称店铺客服，表示物品暂时缺货可以提供退款，并索取相关信息以及付款时收到的手机验证码。

一般情况下，当有人索取网购时平台发送的手机验证码，消费者就应警惕了，申请退款的步骤是与卖

家沟通后，直接通过平台提交申请，退款过程不涉及
人工，切勿轻信不明身份的电话或其他信息。银行及
第三方支付的工作人员同样不能向客户索要交易密码、
手机动态验证码等信息。专家建议，如有人以"退货、
换货"等理由索要该类信息，可以判定为诈骗行为，
可立即报警。

3. 认清短信中存在的陷阱

"电子密码器失效""U 盾升级"等属于不法分子常
用的诈骗术语，如果收到类似短信，又无法判断真伪，
应直接拨打银行的官方客服电话联系银行工作人员进行
咨询，或者是到银行网点柜台办理，绝对不能通过短信
中的网址登入网银；出门不要将银行卡、身份证及手机
放在同一个地方。如果一同丢失，他人可使用支付软件
的密码找回功能更改密码，危险程度极高；一旦手机突
然没有信号，在排除了信号问题和手机故障后，要查询
SIM 卡是否被他人补办，并将支付平台内的余额转出。

银行若遇系统升级、维护，必须暂停服务时，会通
过门户网站公告客户，用户可以先到银行官网上查看，
通常银行不会以系统升级等理由要求客户输入银行卡账
号、密码和动态口令卡等个人资料信息。

　　假如发生账户资金被盗用的情况，就要赶快拨打110报警，骗子利用"伪基站"技术能够将发信号码改换成银行官方客服号码。假如收到类似短信，不要直接给短信中留下的号码打电话，而是要通过官方客服进行咨询。

第五章

移动互联网在农业中的应用

第一节　农业中的移动互联网应用

网络技术、通信技术、大数据、云计算等新技术的不断发展，使农民利用手机进行农业生产越来越便捷，手机成了"新农具"，数据成了"新农资"。

一、农机作业中的移动互联网应用

在农业生产上，现代农具的智能化程度逐渐提高，各种物联网设备、自动化设备纷纷进入田间地头，借助手机、平板、计算机等控制终端，农民能够更加高效、轻松地种好地，省力高产轻松实现。

2021年11月27日，由湖北省农业农村厅、省乡村振兴局、省粮食局、省农科院、省农业发展中心共同主办，湖北省楚商联合会承办的 2021 湖北农业博览会（下简称农博会）在武汉国际博览中心开幕。众多智慧农机产品亮相农博会。在农机装备展区，中国一拖集团有限公司研发生产的东方红 LF1104-C 型无人驾驶拖拉机备受关注。这台无人驾驶拖拉机具有远程遥控和定位导航功能，农民只需要在显示屏上把作业宽度、行间距等设置好，拖拉机就会自动直线行进，播种、起垄、接行等作业自动完成。该拖拉机一天作业面积能够达到400~500 亩。[①]

无人机、5G、智能系统被越来越多地应用到农机领域，农机的功能越来越多，自动化程度逐年提高。有的无人驾驶拖拉机可自动完成耕地、打浆、除草、施肥、播种等多项作业；部分收割机功能强大，农民只需手动收割田块最外层的作物，机器就可确定出田块形状，自动收割范围内的作物，还能预测粮仓储备满粮的情况，自动移动排粮地点；农机自驾仪专为拖拉机、收割机等大中型农机设计，搭配高精度导航系统，农民只需在智

① 亩为非国际标准单位，本书为读者阅读方便，仍使用"亩"为单位。

能手机或平板上操作，就能让农机精准执行任务，提高生产效率，让农民轻松省力。现实中，农业无人机、遥感无人机、农业无人车、改造传统农机的自驾仪、物联网设备等一系列产品都已经进入生产领域。

二、病虫害监测中的移动互联网应用

2021 年年初，农业农村部办公厅年初印发《2021年全国"虫口夺粮"保丰收行动方案》，指出农作物病虫害是影响粮食稳产增产的关键因素，防控农作物病虫危害是减灾保丰收的关键举措。2021 年小麦条锈病、赤霉病、水稻"两迁"害虫、草地贪夜蛾、黏虫、玉米螟等重大病虫害呈重发态势，直接威胁粮食生产安全。据全国农作物病虫测报网监测和专家会商分析，2021 年小麦、水稻、玉米等粮食作物重大病虫害呈重发态势，预计全国发生面积 21 亿亩次，同比增加 14%，对 70% 以上的产区构成风险，需及时采取有效防控措施，努力减轻灾害损失。

对于病虫灾害来讲，及时、准确的虫情监测是有效防治虫害的重要手段。

以往农业生产中，虫情监测工作多是依靠专业技术人员完成的，往往需要耗费大量的人力、物力，而且无法满足虫情及时提供的需求。同时，还需关注到农药使用的科学性和安全性，做到针对病虫害的种类对症下药，推进绿色防控。

随着科技的进步，病虫害监控物联网系统开始实际应用到农业生产中，为精准控制农业中的病虫害提供了科学手段。现在，通过系统控制智能虫情测报灯在夜间亮灯诱捕，自动对诱捕到的虫进行分类、计数，每半小时传输一张图片到系统数据库中。监测人员只要打开手机就能实时查看，而此前需要植保人员实地去收集和统计病虫的种类和数量，不管刮风下雨都得到现场，工作量大不说，虫情的数量也难以精准统计。

病虫害监测系统是现代农业植保工作中，一种集生物和现代光、电、数控技术为一体的自动化测报工具，普遍应用于农业、林业、牧业、蔬菜、烟草、茶叶、药材、园林、果园、城镇绿化、检疫等测报领域，可满足虫情测报标准化、自动化的工作需要。病虫害监测系统能做到在监测虫情的同时，还能有针对性地调整农药、化肥配比与投放，有效防控虫害，有利于减少化学农药的使用量，避免农产品农药残留超标问题发生。

2021 年，河南省平顶山市引进安装了农业病虫害监测物联网信息技术系统，建成包含农技推广中心主监测点以及八台镇彦张村、武功乡曹集村、尚店镇小黄村3 处一般监测点在内的多个病虫害监测点，可有效覆盖监测农田近 10 万亩。该系统包括小气候信息采集系统、孢子培养统计分析系统、虫情信息采集系统和生态远程监控系统，采用 4G 网络实施数据传输。虫情信息采集系统通过病虫测报灯把夜晚田间害虫诱捕、收集到带有刻度的观察盘上，经高清相机拍摄成像，软件系统可根据照片自动对各类害虫进行识别分类计数，大大提高了基层植保工作的工作效率。小气候信息采集系统主要采集空气温度、湿度，土壤温度、湿度以及光照、气压、风速、降雨量等数据，经综合统计分析为研判病虫发生情况提供数据支撑。孢子培养统计分析系统内置高倍显微镜，田间流动空气中的孢子被风机吸入孢子捕捉器内，落到放置培养液的玻璃器皿中，经高倍显微镜放大后拍摄成照片分时段储存至电脑，农艺师可根据照片来判断孢子数量。生态远程监控系统则采用 360° 旋转高清摄像头，远距离观测田间农作物生长动态并拍照留存，方便历史追溯。

三、农产品销售中的移动互联网应用

毫无疑问，短视频、直播时代的到来在很大程度上为商家的产品销售和消费者的产品认知提供了便利的条件。依托各种各样的短视频、直播平台，消费者从原本的图文购买形式转变为"边看边买"。而对于各种企业、商家而言，短视频、直播营销也是一种全新的营销方式。

在传统农业营销模式中，鲜活农产品从田间地头到市民餐桌，要经过多级渠道运转，产生人工、运输、存储等多项附加费用，导致很多农产品农民卖不上价、消费者高价买，大量成本浪费在了中间环节。如今借助移动互联网和快捷的物流系统，农产品从地头到餐桌的中间环节减少，很多时候农民可以和消费者面对面做买卖，好产品终于卖上了好价钱，消费者也得到物美价廉的农产品。

在胶州市，当马铃薯收获的季节到来时，田间地头一派忙碌的景象，在繁忙的收获景象中，经常会看到有些农民一手拿着手机一手拿着土豆，说着带有浓厚"胶

州口音"的普通话搞直播。这就是现代"玩手机也能卖货赚钱"的新农人。很多新农人通过展示农产品种植、收获的具体过程，把农产品高品质的形象传播给更广泛的人群，打开了农产品的销售大门，增加了自己的收入。

通过移动互联网的平台销售产品，可以实现买家与农民的直接对话，不仅可以减少中间环节，降低附加费用，同时也可以直接反映市场需求，实现产销信息的对称。

新零售和新业态快速发展，利用网络直播、短视频等形式促进农产品销售已经成为新潮流、新亮点，是农产品营销的创新，也补上了传统农产品营销的"短板"，对于缓解农产品难卖问题、助力产业发展和促进农民增收都发挥了积极的作用。

四、农民生活中的移动互联网应用

调查表明，使用移动互联网的农户中，10%~20%通过移动互联网了解农地租赁信息、生产资料销售信息、农业科技信息等；在农村生态现代化方面，15%~25%的用户通过移动互联网获悉美丽农村建设、农业绿色生产和人居环境治理等政策措施；移动互联网在农村文化现代化方面也发挥了作用，25%~35%的移动互联网用户使用移动互联网学习社会主义核心价值观、现代科技与文化、文明健康生活方式以及弘扬传统文化等。

同时，移动互联网拓展了农户的社会网络，促进了农户生活现代化与乡村治理现代化。移动互联网用户普遍使用网络聊天APP，有效拓展了用户的社会网络，使得信息的传递更加及时。调查结果显示，农村移动互联网用户中超过60%通过聊天APP传递或获取就业与创业信息、团购生活用品，甚至有30%~40%的用户通过聊天APP向村医问诊和进行远程医疗服务。此外，大约90%的移动互联网用户加入了村里的QQ或微信聊天群，超过80%的村委会会议信息、决策信息、公示信息等通过聊天群来传递。

据媒体报道，北京市通州区西集镇各村架起"5G智慧云喇叭"，使得村庄治理更加智能化。传统的农村广播站需要使用固定的广播设备，发布消息的人需要在固定的场所使用设备，使用步骤烦琐，时间地点受到较大限制。"5G智慧云喇叭"通过手机APP广播消息，打开手机APP讲话，讲话内容同步在村头的广播中响起，实现了"人在哪里，哪里就是广播站"。西集镇建立起了镇、村两级播控中心上下对接的"村村响"云广播平台，只需手机上安装云端广播操作系统，就能通过无线网络连接上村里的广播，不但可以实现远程控制和定时、定周期播发，遇到紧急情况还能直接使用手机语音喊话，或将文字转为语音播报。比如遇到紧急通知，不用像传统广播那样先将通知下发到村里。乡镇管理人员可以通过后台一键播发，大大提高了通知的实效性。如果人不在广播室，拿出手机，联网后打开相应软件，编辑相关内容就能播发。目前，各村每天都通过云广播播报新闻资讯及防疫、防火、种植养殖知识，推动了村庄治理智能化。

每一次的时代变革都有独属于这个时代的颠覆性技术，引领这个时代的潮流。当下，5G赋能新的产业模式，5G的基础技术将会成为未来科技爆发的加速剂，从而开启全新的技术革命。"5G+"正在成为新时代的"弄潮儿"，在科技爆发的临界点，未来红利的"爆发键"已被按下。

随着科技水平的发展，我国农业从传统模式发展至如今的现代化作业，物联网、云计算、精准技术等将推进农业产业的发展，实现最佳的资源利用和最小的成本投入，达到农作物生产、运输和销售的智能化管理，打造智慧农业。智慧农业将成为集互联网、移动互联网、云计算和物联网技术为一体的生产方式。

【应用案例】

农业移动互联网应用典型案例

农业信息的获取是整个数字农业的基石。随着农业信息化水平的不断提高，对农业环境信息的获取技术也提出了更高的要求，农业具有对象多样、地域广阔、偏僻分散、远离社区、通信条件落后等特点，因此在绝大多数情况下，农业实验观测现场经常无人值守，导致信息获取非常困难。解决这个问题的根本出路是要实现信息获取的自动化，以及数据的远程传输与共享。农业移动互联网技术的应用为远程信息的获取、传输、交换与控制提供了前所未有的机遇。

北京中农信联科技有限公司研究开发了"农业物联网移动监控系统"，是集环境因子测试技术、传感技术、无线移动通信技术、计算机网络技术于一体的多功能监控系统,可满足多种情况下农业环境远程监控的需要。从实现功能上本系统可划分为两个组成部分:远程监控终端数据采集发送模块和手机用户端实时监控模块。

一、数据采集发送模块

数据采集发送模块是安装运行在农业环境监控现场,实现对用户所需的环境因子(比如空气温湿度、土壤温湿度、太阳辐射、风速风向、水温、盐度、溶解氧等)数据的采集、解析和无线远程发送功能的软、硬件的总称。该模块采用集成 GPRS 无线 Modem 和支持嵌入式编程的远程监控设备,采用 RS-485 串行总线技术,将现场测控设备与各个环境因子传感器设备相连接进行通信。嵌入运行在远程监控设备中的数据采集发送程序执行固定流程,定时对已连接传感器信号进行采集和解析转换,同时实现与 GPRS 无线移动通信网络的连接与数据传输,将数据实时发送到监控中心数据库服务器,从而组成终端数据采集发送模块,如图 5-1 所示。

手机助农增收实操一本通：手机变农具，增收好帮手

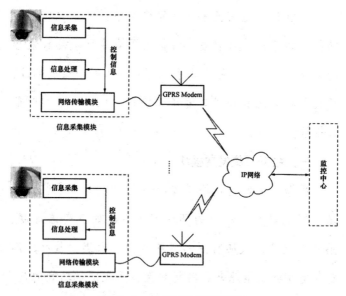

图 5-1　数据采集发送模块

二、移动端实时监控模块

移动终端软件平台包含四大模块：实时监控、控制设备、数据查询和曲线分析，用户可以通过移动终端随时随地查看现场环境数据，并可以对环境信息进行调控。

1.实时监控

实时监控以列表的形式展示指定场景中各个环境因子参数所采集的最新数据，以及最新数据的采集时间。

2.控制设备

控制设备模块能够远程查看现场环境控制设备的状

态，并可以远程手动控制相关设备，使农业现场环境保持在最优状态。用户单击控制设备菜单项，进入控制设备功能，下方控制设备信息列表分别显示设备名称、设备状态及设备按钮，并可以单击开、停按钮对相关设备进行控制。

3. 数据查询

数据查询功能主要实现指定农业现场环境参数采集的历史数据查询，在列表中显示查询结果，结果为指定通道和起止时间的历史数据，分别是数据的采集时间和数据的值。

4. 曲线分析

曲线分析实现对指定参数相对不同起止时间的历史数据，以 X-Y 曲线的方式展现，Y 坐标轴表示值，X 坐标轴代表时间的变化，从曲线可以看出用户所关心的参数随时间的变化及变化规律。

第二节　农村移动互联网发展中的问题和建议

通信网络逐渐实现全覆盖，智能手机价格不断降低，移动互联网在农村发展飞快，农村网民的数量与日俱增。移动互联网应用领域不断增多，移动互联网的出现与兴起极大促进了农村生产与生活方式的变革，也促使城乡差距不断缩小。

在日常通信上，即时通信 APP、短视频 APP 等应用的兴起，让全世界的人们都可以进行及时通信及信息分享。智能手机的应用越来越简单，友好的操作界面，让更多的农村居民，甚至是不懂拼音、受知识水平限制的居民也能使用移动设备进行互联网通信；在电子政务上，全面优化网上服务系统，越来越多的行政部门都已经实现了网上预约功能，甚至一部分业务足不出户就可以在网上办理，农民办事可以"小事不出户，大事一条龙"，大大提升了人民群众办事效率，同时降低了农村居民办事的难度；在文化娱乐上，移动互联网让娱乐产业更加平民化，更亲民，更容易让农村居民可操作和参与，随时随地娱乐成为现实，农村居民利用农业生产的空余碎片时间享受娱乐成为常态，同时互联网娱乐让农村普通居民也可以展现才艺，随着直播、短视频的普及，任何人都可以在网络平台展现自己。

虽然移动互联网在农村得到了飞速发展，给农民带来了切实的好处，但是也不是十全十美的，在发展中也存在一些明显的问题。如受地区先天资源禀赋、基础设施建设等外部因素的影响，不同农村地区之间移动互联网发展不平衡，东部沿海较发达的农村地区基础设施建设、农村居民收入水平都领先于西部欠发达农村地区，社会经济的发展带动了移动互联网发展，东部沿海农村移动互联网发展水平要高于不发达山区。农村互联网基础设施有待加强，一些偏远和边疆地区移动基站覆盖率低，网络覆盖率要明显低于城市地区，家庭宽带入户率也较低。农村无线网络设备不完善造成农村居民在家庭以外的场所上网时需要使用流量数据，但是对于农村居民而言，流量费用相对较高。当前，很多农民对现代农业科技、农产品电子商务产生兴趣，但是受自身知识、能力的限制，不知道从何处入手进行实践，这方面的培训也难以满足农民实际需要。已有的一些培训存在内容偏理论，不重实践，有些脱离了农村生产生活实际。农民更需要的是有针对性的技术培训，根据农民生活需要和实际工作需求设计出真正有利于农村居民发展的技术培训课程。

针对移动互联网在农村发展和应用中存在的问题，各级政府有关部门要从维护农民切身利益出发，采取符合农村、农民实际的措施，推动移动互联网在农业领域的科学使用，具体可以从以下几方面入手：

1. 加强移动互联网在农村地区的推广

通过互联网资费优惠、智能手机使用教程培训等，让更多的农户具有应用移动互联网的能力，提升他们使用移动互联网的意愿，从而更好地引导与提高农民应用移动互联网进行农业生产、生态保护、文化学习等的能力，助力农业农村现代化建设。进一步明确农民手机应用技能培训的目标与内容，可以按照文化程度、使用需求等针对不同目标群体开展精准培训，让使用移动互联网的农民更加有效地利用移动互联网。

2. 普及农业领域的移动互联网应用

在农业这一专业领域，目前已经存在很多专业的移动互联网 APP，但是不少农民由于信息不对称、自身能力限制等原因，不知道或者知道但是不会使用这些 APP，导致大量对农民增产增收有益的移动互联网应用资源闲置浪费。这需要相关政府部门通过宣传或培训引导农户使用更多功能性更专业的移动互联网 APP，比如：农产品交易、农业气象、农业保险、植物识别、远程教学、在线就诊等多元化的 APP。可以通过各级涉农部门，通过主动传播的方式将这些 APP 及使用方法推送给广大农民，同时可以开展相关内容的培训，手把手教会农民如何使用，向农民解释清楚这么做的好处，同时做好服务。基于移动互联网的各种 APP 建设成为新的农业生产要素，在加快农业农村现代化、助力全面乡村振兴方面做出新的贡献。

第六章

农业生产中的手机应用

第一节　智能手机在智能大棚上的典型应用

物联网技术是将各种感知技术、现代网络技术、人工智能与自动化技术进行聚合与集成的应用。随着移动互联技术的普及应用，普通用户可以通过手机、平板电脑等移动终端随时接收各种精确传感器实时采集的数据，还可以通过遥控温室内的视频无线传感器，观察温室的全面情况。产品出圃后，可以由对应的条形码，随时检索到其流通过程。业界普遍认为，物联网农业智能监控系统未来将在设施农业中得到更广泛应用。

在温室环境里，单栋温室可利用物联网技术，成为无线传感器网络的一个测量控制区，采用不同的传感器节点和具有简单执行机构的节点，如风机、低压电机、阀门等工作电流偏低的执行机构，构成无线网络，来测量基质湿度、成分、pH、温度以及空气湿度、气压、光照强度、二氧化碳浓度等，再通过模型分析，自动调控温室环境，控制灌溉和施肥作业，从而获得植物生长的最佳条件。对于温室成片的农业园区，物联网也可实现自动信息检测与控制。通过配备无线传感节点，每个无线传感节点可监测各类环境参数。通过接收无线传感汇聚节点发来的数据，进行存储、显示和数据管理，可实现所有基地测试点信息的获取、管理和分析处理，并用直观的图表和曲线方式显示在各个温室用户的智能手机等移动终端，同时根据各种植物的需求提供各种声光报警信息和短信报警信息，实现温室集约化、网络化远程管理。

此外，移动物联网技术可应用到温室生产的不同阶段。在温室投入生产的准备阶段，通过在温室里布置各类传感器，如温度传感器、湿度传感器，可以实时分析温室内部环境信息，从而更好地选择适宜种植的农作物品种。在生产阶段，从业人员可以用物联网技术手段采集温室内温度、湿度等多种信息，通过手机上的管理软件来实现精细管理。例如，遮阳网开闭的时间，可以根据温室内温度、光照等信息来传感控制；加温系统启动时间，可根据采集的温度信息来调控等。在农产品收获后，还可以利用物联网采集的信息，对不同阶段植物的表现和环境因子进行分析，并反馈到下一轮的生产中，从而实现更精准的管理，获得更优质的产品。

温室应用移动互联和物联网技术，可达到改善产品品质、调节生长周期、提高经济效益的目的，尤其是可实现温室管理的高效和精准。对于规模化的温室设施而言，如果借助人工来调控温室内的环境条件，需要大量的人力和时间，而且存在难以避免的人工误差。如果应用移动互联和物联网技术，只需打开手机 APP，就可在最短的时间里完成人工操作，而且非常严谨。

不难看出，家庭农场、农业种植大户、农民合作组织的形成与发展，必将加速智能温室大棚这种先进技术在农业方面的推广应用，而移动互联和智能终端技术将强化智能大棚的功能。因为这些新的农业经济体有资金、有技术、有人才、有能力利用智能温室（无线传感器）新技术提升土地的单位产出值，实现农场的效益最大化。

【应用案例1】

杭州美人紫葡萄园智能大棚

杭州美人紫葡萄园智能大棚生产管控系统通过光照强度、空气温湿度、土壤湿度等无线传感器，对大棚内的葡萄对应环境参数进行实时采集并分析，自动开启或者关闭指定设备（如远程控制滴灌、开关卷帘等）。同时在大棚现场布置摄像头等监控设备，适时采集视频信号。用户通过智能手机，可随时随地观察现场情况。

（一）物联网生产管控系统——数据采集，及时报告

施工前：生产管理全凭经验，实时查看。

施工后：根据环境参数适时调节光照通风、浇水施肥，节省农药使用量约30%。

（二）智能电动卷膜系统——智慧卷膜，省工节时

施工前：需要10个工人花1个多小时手动摇大棚，关闭不及时。

施工后：随时随地在APP上简单操作，半小时大棚全部关闭。

（三）智能喷滴灌系统——实时数据，精准灌溉

施工前：人工灌溉，判断肥水灌溉仅凭经验。

施工后：智能灌溉，结合土壤湿度数据，定时定量，精准灌溉。

（四）视频监控系统实时视频显示，可看可回溯，生产大棚通过"全球眼"平台进行视频监控。

（五）小型气象站大屏播放实时气象数据，让工人第一时间掌握园区天气变化。可测量光照、风速、大气压、雨雪量、空气温湿度和风向等气象参数。

【应用案例2】

阳光园艺花卉种植智能环境监控系统

阳光园艺的 4 个温室大棚共 10000 多平方米，全部布设了物联网系统，实现了对大棚温度、湿度、土壤水分、光照度、二氧化碳的自动监测和调控。通过作物本体传感器，还对花卉的叶温、茎秆增长、增粗等本体参数做实时采集，所有数据实时采集后无线传输到服务器，系统软件内置专家决策系统，结合采集的数据，系统自

诊断后做出远程自动控制，调节和提供花卉生长最适宜的环境。同时，通过手机 APP，农户可对大棚中花卉种植情况进行实时监控，也可以通过远程控制棚内智能设备来调节棚内环境。

第二节　智能手机在畜牧行业的典型应用

　　移动互联和物联网技术已经在畜牧养殖领域得到广泛应用。为奶牛等动物佩戴（或植入）专用溯源耳标（标识），把动物的饲养管理、疫病预防检疫、屠宰加工、商业流通等情况实时录入管理系统，不仅可实现养殖业主对生产管理状态进行网络远程了解、下达生产指令等，政府监管部门也可以在网上实时监管查询养殖场疫病预防、动物死亡、出栏补栏、检疫报检、屠宰流通等环节的情况。这些情况通过有线或无线传送到饲养员手机、pad 等智能终端，可实现全程无缝监控和可追溯，确保动物食品安全。

　　在饲养管理中可于畜舍安装智能传感器，在线采集二氧化碳、氨气、硫化氢、空气温度、湿度、光照强度、风速及视频图像等，饲养员通过智能手机 APP，可实时掌握养殖场环境信息，并可以根据监测结果，远程控制相应设备自动开窗换气、喷淋降温、调整光照等，实现管理自动化、健康养殖、节能降耗的目标。

在疫病预防检疫方面，在畜牧业信息化综合平台的支撑下，畜牧部门一线监管人员到现场抽检生鲜乳时，通过手机终端扫描许可证证件上的二维码，便可准确了解生鲜乳收购站和运输车的详细信息，实现精准监管。动物疫情应急管理能力也实现了新提升，一旦发生突发疫情，小型移动应急平台可迅速开往现场，采集音、视频信息，经卫星传输与省应急指挥中心对接，实现信息共享、远程指挥。

【应用案例】

种羊精细化养殖管理系统

该系统以实现种羊场分娩室和保育室的环境远程监测和环境调节设备远程控制为主要目标，通过精细化养殖管理系统的建设，具体实现以下目的：确保分娩室和保育室的管理水平，保证母羊的生育环境和羊羔的成长环境，需分别在分娩室和保育室安装空气温度、空气湿度、二氧化碳浓度、氨气浓度传感器，进行环境的在线监测；同时也可以通过安装在羊圈内部的无线视频球机、旋转球机的角度调节可视范围，查看各羊圈的视频图像信息。

养殖户可以通过手机、pad 等信息终端，实时掌握养殖场环境信息，及时获取异常报警信息，采取适当的措施（如远程控制相应设备），实现健康养殖、节能降耗的目标。

为了进一步提高环境调节的智能化，需要对现有控制设备如湿帘、风机等进行集中控制，并且可以在精细化养殖管理系统上实现远程控制；为了进一步提高环境调节的及时性，减少因人为疏忽而造成的管理不到位，当环境异常报警的时候，精细化养殖管理系统可以对控制设备进行联动控制，根据设定的自定义阈值，对风机、湿帘等进行联动控制。

一、养殖环境数据采集

通过安装在羊圈内的环境传感器，对温度、湿度、二氧化碳浓度以及氨气浓度数据进行收集，并通过有线或无线网络传递给软件系统。软件系统对羊圈环境数据进行汇总分析，按时间、监测指标对羊圈的空气温度、空气湿度、氨气含量、二氧化碳含量进行分析，通过系统分析得出每天羊圈环境的变化情况，为养殖人员决策提供依据，如通风、降温、增加湿度等，保证了种羊养殖环境的科学性。

（一）空气温度

空气温度是影响羊健康和生产力的主要因素，羊圈温度偏低，应取暖，改善圈舍条件，使温度不低于5℃。羊生长的最适宜温度是在5～21℃，过低会影响羊的生长发育，消耗羊体脂肪，降低饲料利用率，使羊体体重下降，而且过低也容易引起羊发生感冒、发烧等疾病。过高则会导致羊体温度升高，影响羊吃饲料的量以及使羊瘤胃微生物发酵能力下降，进而影响羊对于饲料的消化能力。对种羊养殖来说，空气温度对羊羔的生长和母羊的繁育具有较大影响，不适宜的温度环境会导致羊羔生长缓慢、发病率和死亡率明显提高。低温对母羊繁殖机能影响较小，而高温显著降低母羊繁殖机能与繁殖能力，导致内分泌紊乱、母羊乏情或发情延迟、受胎率降低、胚胎死亡率增高、产仔数和活产仔数降低。

（二）空气湿度

湿度大小对羊生产性能有一定影响。湿度是与温度一起发生作用的，如环境湿度适宜，即使湿度从45%上升到95%，对增重亦无明显影响。在高温高湿的情况下，羊因为体热散失困难，导致食欲下降，采食量显著减少，甚至中暑死亡。而在低温高湿时，羊体的散热量大增，羊就越觉寒冷，相应的羊的增重、生长发育就越慢，

此外，空气湿度过高，有利于病原性真菌、细菌和寄生虫的发育，同时，羊体的抵抗力降低，易患疥癣、湿疹等皮肤病，呼吸道疾病的发病率也较高。如空气湿度过低，会导致羊体皮肤干燥、开裂。可见，在适宜的温度下，湿度大小对羊的生产力影响不大，主要是从疾病的发生上起间接作用。羊圈湿度控制在50%～70%为宜。为了防止羊圈内潮湿，一般在中午气温较高时打开门窗，加强通风来排除潮气；如天气阴冷，室外湿度较大，则可在羊圈走道或地面撒布干石灰等来吸收潮气。

（三）氨气浓度

畜禽舍中氨气的含量取决于舍内温度、饲养密度、通风情况、地面结构、饲养管理水平、粪污清除情况等。由于氨是高度溶于水的，所以在高湿空气中氨的浓度相

对较高。

氨气在畜舍中常被溶解或吸附在潮湿的地面、墙壁和家畜黏膜上，当舍内温度升高时，溶解在水中的氨与水分离，对空气形成二次污染，并会再次附着在家畜的黏膜上。

氨气浓度过高会诱发呼吸道疾病。氨气溶解于水呈现强碱性，对于潮湿的黏膜有强烈的刺激性，可引起眼睛流泪、灼痛，角膜和结膜发炎，视觉障碍。氨气进入呼吸道可引起咳嗽、气管炎和支气管炎、肺水肿、呼吸困难、窒息等症状，甚至坏死，造成呼吸功能紊乱。氨气通过呼吸道吸入后，经肺泡进入血液，与血红蛋白结合，使血红素变为正铁血红素，降低血红蛋白的携氧能力，从而出现组织缺氧，降低机体对疾病的抵抗力。

（四）二氧化碳浓度

在畜禽养殖过程中，因舍内畜禽的密度过大，呼吸过程产生的二氧化碳严重超标。二氧化碳因由家畜呼吸排出，而且比重大，所以在畜舍下部、畜体周围的浓度较高。二氧化碳虽然本身无毒性，但高浓度的二氧化碳可使空气中氧的含量下降而造成缺氧，引起羊慢性中毒。

当二氧化碳含量增加时，其他有害气体含量也可能增多。因此，二氧化碳浓度通常被作为监测空气污染程度的可靠指标。畜舍空气中二氧化碳应不高于5000mg/kg。

二、养殖场视频监控

在种羊场中应用视频监控体系，管理人员即使不在现场也能实现对羊场生产过程的监督管理。根据需要可以邀请专家通过远程视频监控对羊场提供远程指导和诊疗。此外，建立视频监控体系能有效地实现羊场的信息化管理，同时大大减少了人员的数量，有效地提高了养羊业的管理水平。

通过视频摄像头对现场图像信息进行采集，用户可以随时随地通过智能手机或电脑观看到种羊养殖场内的视频图像，对种羊的生长过程进行远程监控。

第三节　智能手机在水产行业的典型应用

移动互联、物联网技术的发展为智能水产养殖的产生创造了条件。基于智能传感技术、智能处理技术及智能控制等物联网技术的智能水产养殖系统，集数据、图像实时采集、无线传输、智能处理和预测预警信息发布、辅助决策等功能于一体，通过对水质参数的准确检测、数据的可靠传输、信息的智能处理以及控制机构的智能化自动控制，实现水产养殖的管理。

养殖户可以通过智能手机、pad 等信息终端，实时掌握养殖水质环境信息，及时获取异常报警信息及水质预警信息，并可以根据水质监测结果，实时自动地调整控制设备，实现水产的科学养殖与科学管理，最终实现节能降耗、绿色环保、增产增收的目标。

水产养殖环境智能监控系统是为满足水产养殖集约、高产、高效、生态、安全的发展需求，基于智能传感、无线传感网、通信、智能处理与智能控制等物联网技术开发的，集水质环境参数在线采集、智能组网、无线传输、智能处理、预警信息发布、决策支持、远程与自动控制等功能于一体的水产养殖物联网系统。

【应用案例】

象山水产养殖场精细化养殖平台

象山水产养殖场精细化养殖管理系统基于水位、水温、光照、溶解氧、pH等水体环境的监测数据，对接水产精细养殖决策专家系统。水质管理决策系统可以通过远程控制增氧，使水体环境保持水产品最适宜的生长环境，大幅度提高产量和效率。

平台实现的功能可分为水产养殖信息采集分析和水产养殖视频监控两大部分。

一、养殖水质环境监测

水质监测站包括无线传感数据采集终端，溶解氧、

pH、水温、水位、光照传感器，主要用于水质环境数据的在线处理与无线传输。

二、溶解氧设备控制

溶解氧控制点包括无线控制终端、配电箱与增氧泵，无线控制终端汇聚溶解氧监测站采集的数据，并将微处理器系统、无线模块、输出模块及电源模块等与配电箱结合，通过配电箱的中间继电器控制养殖场的空气压缩机的动作，通过电流反馈监测电机运行状态，实现自动控制和故障报警等功能。

三、远程信息监测

远程监测中心通过 4G 远程接入点接收无线控制终端汇聚的数据信息，使用户可以通过智能手机、pad 等测控终端经由 Web、无线网络和短信等信息平台远程浏览数据和控制增氧机等设备的运行。如通过手机上的 APP，能观测到池塘的溶解氧含量，进而远程控制是否开启池塘里的增氧机、投饵机。还可以监测到温度、投饵率，养殖户坐在家里就可以投喂、增氧，不仅提高了效率，还节省成本。

四、现场监测及控制功能

现场监测中心包括无线传感接入点和现场监控计

算机，无线控制终端汇聚的数据通过无线接入点汇总到现场监控计算机，用户可在本地查询水质参数数据，同时监控计算机对数据进行分析处理，做出控制决策和发出预警信息，可以通过无线接入点向配电箱发送控制指令进行自动控制，也可通过短信告知操作人员进行手动控制。

象山水产养殖场，通过布置水产养殖环境远程监控信息化设施，实现水产养殖的全过程信息化管理。通过良好的软件架构体系、完善的系统功能，打造水产精细化养殖平台。

第四节　智能手机在农产品质量安全及管理溯源上的典型应用

物联网的快速发展和智能手机的广泛应用，为农产品溯源体系的建设和低成本运行提供了有力的技术支撑。特别是手机二维码的广泛应用，使得广大消费者能够用智能手机对印刷或粘贴在商品上的二维码标识进行拍照识读，从而简单、顺畅地获取产品的生产厂家、生产日期、具体来源以及物流信息，判别产品真伪，加强对食品安全的监管。

智能农场及溯源平台以二维码、RFID 等形式作为信息载体，采集与农产品生产、检测、加工、仓储、运输、销售等环节密切相关的数据，采用物联网技术，在农田、大棚、养殖场中安装各种农业信息传感器，将智能化控制系统应用到大棚种植、水产养殖、禽畜喂养上，采用温度、湿度、二氧化碳、光照度传感器等感知各项环境指标，并通过数据中心进行数据分析，由系统对水帘、风机、遮阳板等设施实施监控，从而改善生物生长环境。

生产过程管理数据和环境指标数据实时进入系统，使整个跟踪或者追溯过程有据可依、有理可循，为消费者了解农产品的安全提供了一个有利的条件。

该平台通过两种渠道来实现农产品的安全管理，即从上往下的追踪和从下往上的追溯。

农产品安全溯源系统的重要组成部分包括：

1.农产品信息采集系统

面向相关政府部门、企业和消费者三方，根据农产品原产地、生产、加工等情况进行构建，便于政府部门进行全程质量监管；企业可树立品牌形象，增加附加值；消费者可追溯产品信息，选购放心农产品，保证饮食安全。

2.农产品物流管理系统

在物流环节中，管理员可先将产品和运输车辆的相关信息进行及时录入，完成订单号与所需发货农产品条码之间、农产品与运输车辆之间的关联关系，最后将关联数据上传至系统数据中心。该环节可实现运输过程的可视化，做到产品运输车辆的及时、准确调度，从而提高运输效率，尽量避免无效运输。

3. 农产品仓储系统

企业可通过感应器在农产品入库时进行感知，并实现各处仓库及生产点、销售点的连接，动态掌握仓储的基本状态，做出相应控制，实现仓储条件的自动调节，提高作业管理效率。

4. 农产品质量监督系统

政府监管部门可根据相关法律、法规进行宣传，同时完成质量管理体系的建设与实施，保证农产品质量安全，维护市场交易的真实性。

5. 农产品质量追溯系统

综合利用网络技术、无线传输技术，实现短信、二维码、POS 机等多终端追溯农产品质量。当农产品出现质量问题时，政府可及时调度产品下架处理，实现宏观调控；消费者可采取法律手段，维护自身权益。

农产品公共溯源平台将建立起产品供应链管理和质量信息溯源系统，以企业诚信追溯系统管控平台为核心，专注于解决企业诚信溯源中产品生产、物流、消费三个核心所产生的一系列信息采集、分发与追溯问题。项目面向消费者、生产企业、管理者以及员工四大群体，实现了产品分类管理、物流管理、消费管理、信息溯源管理和诚信档案管理系统五大主要应用。

一旦发生事故，监管人员就能够通过该系统判断企业是否存在过失行为，企业内部也可借助该系统查找是哪个环节、哪个步骤出现了问题，责任人是谁，避免了由于资料不全、责任不明等给事故处理带来的困难，使问题得到更快的解决。

食品进入商超或者专卖店后，销售人员会依据物流周转箱上的 RFID 标签获取食品信息，并将食品信息录入超市销售系统，在消费者购买食品时，销售人员根据销售系统内的食品信息，打印销售小票，系统自动带出对应食品追溯码，消费者可以通过手机扫描二维码登录追溯平台查询食品的全过程信息，如消费者关心的食品品种、产地、种植日期、采摘日期、光照程度、水和施肥状况、特殊问题处理情况、营养价值等信息。

【应用案例】

龙蛙农业的"寒地黑土绿色安全可追溯体系"

黑龙江省龙蛙农业发展股份有限公司的生产基地位于世界三大黑土地之一的东北寒地黑土有机绿色农业之乡，是黑龙江省农业产业化重点龙头企业。为了让全国的消费者都能知晓每一粒龙蛙大米的"前世今生"，了解每一粒大米从春天一粒种子落地开始，到秋天收获以及加工配送的全过程，2014年龙蛙农业正式在各大生产基地投入使用"慧云农产品溯源系统"，通过可追溯系统实现质量管控，打造全国消费者"看得见"的可追溯产品。

应用前龙蛙大米面临"米香苦于巷子深"的困局。

产于珍稀黑土地的龙蛙大米，是绿色、有机、安全的。但龙蛙农业只能通过官方网站、纸质宣传资料以及产品包装上的简易信息，向消费者传递产品品牌信息。这种方式承载的产品信息极为有限，消费者只能了解到产品的生产地点、生产者等基本信息，龙蛙大米天然无污染的种植环境，坚持的传统有机种植方式、纯净甘冽的灌溉水源等信息，均无法传达给消费者。龙蛙农业一直希望打造的"中国好食品"形象也难以在消费者当中树立。

应用"慧云农产品溯源系统"后，龙蛙大米成为有身份的大米。"慧云农产品溯源系统"给每一袋龙蛙大米制作了自己唯一的身份（二维码），完整记录了这袋大米的品种、产地、种植、收割、加工、仓储、质检等全部信息，消费者只要扫描产品二维码，就能快速地查看龙蛙大米的详细信息。

龙蛙农业同时配合使用慧云智慧农业监控系统，在每一位龙蛙客户的手机里，都安装了慧云智慧农业云平台。从播种的第一天起，消费者就可以随时随地跟踪生产过程，通过农场视频、实时采集的种植环境数据，了解黑土地的土壤温度、空气湿度、光照情况、大米的长势，亲历生产全过程，真正做到全程掌控，提前预定，大幅提升用户黏性。龙蛙大米利用农产品溯源平台，在消费者和每一位龙蛙客户心中，建立并展示了绿色、有机、安全的良好品牌形象。

（资料来源：慧云信息网）

第七章

智慧农业、大数据、云计算概要

第一节 智慧农业

一、基本概念

智慧农业是指将物联网技术应用于传统农业生产中，运用传感器和软件通过移动平台或者电脑平台对农业生产进行控制，使其更具"智慧"。狭义的智慧农业包含农业可视化远程诊断、远程控制、灾变预警等智能管理、精准感知、控制与决策管理等方面，广义范畴上，智慧农业还包含农村电商、食品防伪、农业信息服务与农业休闲旅游等方面。

智慧农业是农业生产的高级阶段，是集新兴的互联网、移动互联网、云计算和物联网技术为一体，依托布置在农业生产现场的各种传感节点（环境温湿度、土壤水分、二氧化碳、图像等）和无线通信网络，实现农业生产环境的智能感知、智能预警、智能决策、智能分析、专家在线指导，为农业生产提供精准化种植、可视化管理、智能化决策。智慧农业是云计算、传感网、3S 等多种信息技术在农业中的综合、全面应用，实现更完备的信息化基础支撑、更透彻的农业信息感知、更集中的数据资源、更广泛的互联互通、更深入的智能控制、更贴心的公众服务。智慧农业与现代生物技术、种植技术等高新技术融合于一体，对建设世界水平农业具有重要意义。

二、智慧农业解决方案的主要内容

智慧农业解决方案主要包括以下部分：

1. 环境监测系统：空气、土壤温湿度、光照、CO_2 传感器等。

2. 通信控制系统：无线网关、中继器、路由器等。

3. 设备控制系统：浇灌系统，通风、遮阳、加湿系统，无线智能插座等。

4. 视频监控系统：手持终端、进程大屏幕、智能终端、平板、电脑等。

5. 应用管理平台：智能感知、智能预警、智能决策、智能分析、专家指导。

环境监测是农业物联网的核心，包括室内的大棚监测以及室外的农田监测，监测内容要根据农产品的不同而定制。

传感器获取的植物生长环境信息，如监测土壤水分、土壤温度、空气温度、空气湿度、光照强度、植物养分含量等参数，其他参数也可以选配，如土壤中的 pH、电导率等。传感器获得数据后，通过中继器（一般使用 ZigBee/SmartRoom 传输技术）传送到网关，网关通过 WCDMA/GPRS/SMS 等运营商管道与平台通信，平台对数据进行分析、报警，以直观的图表和曲线的方式显示给用户，并根据以上各类信息的反馈对农业园区进行自动灌溉、自动降温、自动卷膜、自动进行液体肥料施肥、自动喷药等自动控制，确保农产品的正常生长，同时有助于实现精细化农业生产，提升农产品的品质与产量。

智慧农业中配置了丰富多样的传感器。根据作物的不同，包括空气温度、空气湿度、土壤温度、土壤湿度、土壤 pH、光照（强度、时间）、风力、二氧化碳浓度（也可测其他气体浓度）、溶解氧含量、叶面水分等数百种传感器，其中温度、湿度、光照、二氧化碳浓度传感器是最主要的几种农业用传感器。通过广泛布置的传感器，在农业园区内实现自动信息检测与控制，根据种植作物的需求提供各种声光报警信息和短信报警信息。

农业物联网的基本概念是实现农业上作物与环境、土壤及肥力间的物物相联的关系网络，通过多维信息与多层次处理，实现农作物的最佳生长环境调理及施肥管理。但是作为管理农业生产的人员而言，仅仅数字化的物物相联并不能完全营造作物最佳生长条件。视频与图像监控为物与物之间的关联提供了更直观的表达方式。比如：哪块地缺水了，在物联网单层数据上仅仅能看到水分数据偏低。应该灌溉到什么程度也不能死搬硬套地仅仅根据这一个数据来做决策。因为农业生产环境的不均匀性决定了农业信息获取上的先天性弊端，而很难从单纯的技术手段上进行突破。视频监控的引用，直观地反映了农作物生产的实时状态，引入视频图像与图像处理，既可直观反映一些作物的生长长势，也可以侧面反映出作物生长的整体状态及营养水平。该功能可以从整体上向农户提供更加科学的种植决策理论依据。

三、智慧农业系统的特点：

1.低功耗，节能环保：使用自组网、自愈合、云端计算等新技术。

2.完全无须布线：完全的无线设备，不需要电源线，更多使用太阳能，不需电池供电；不需要数据线，进行无线进程传输。

3.支持多种报警方式：手机短信、网络平台报警。

4.灵活、可靠、稳定：智慧农业使用平台化产品，可扩展性强，自动化程度高。

四、智慧农业的作用

智慧农业能够有效改善农业生态环境。智慧农业将农田、畜牧养殖场、水产养殖基地等生产单位和周边的生态环境视为整体，并通过对其物质交换和能量循环关系进行系统、精密地运算，保障农业生产的生态环境在可承受范围内。如定量施肥不会造成土壤板结，经处理排放的畜禽粪便不会造成水和大气污染，反而能培肥地力等。

智慧农业能够显著提高农业生产的经营效率。基于精准的农业传感器进行实时监测，利用云计算、数据挖掘等技术进行多层次分析，并将分析指令与各种控制设备进行联动以完成农业生产、管理。这种智能机械代替了人的农业劳作，不仅解决了农业劳动力日益紧缺的问题，而且实现了农业生产高度规模化、集约化、工厂化，提高了农业生产对自然环境风险的应对能力，使弱势的传统农业成为具有高效率的现代产业。

智慧农业能够彻底转变农业生产者、消费者的观念和组织体系结构。完善的农业科技和电子商务网络服务体系，使农业相关人员足不出户就能够远程学习农业知识，获取各种科技和农产品供求信息。专家系统和信息化终端成为农业生产者的大脑，指导农业生产经营，改变了单纯依靠经验进行农业生产经营的模式，彻底转变了农业生产者和消费者对传统农业落后、科技含量低的旧观念。另外，在智慧农业阶段，农业生产经营规模越来越大，生产效益越来越高，使小农生产被市场淘汰，必将催生以大规模农业协会为主体的农业组织体系。

第二节 农业中的云计算

国家对于发展云计算和物联网非常重视，以下一代互联网、"三网"融合、物联网、云计算为代表的新一代信息技术正在成为政策重点推动的对象。

2011 年 12 月，中国电信云计算数据中心项目正式落户呼和浩特市，总投资预计达到 120 亿元。项目建成后，将向全社会提供云计算主机管理平台、云数据管理中心及云计算主机业务托管等相关的计算、存储及智能网络资源综合服务。

发展云计算是我国信息产业赶超世界先进水平的重要机遇，也是农业、农村开展行业应用的重要机遇，同时也是发展信息农业与农业公共服务的需要。从成功案例十分匮乏、技术和商务模式尚不成熟的初始阶段到应用案例逐渐丰富、越来越多的厂商开始介入，再到解决方案更加成熟、竞争格局基本形成，云计算的发展将大致经历市场引入、成长和成熟 3 个阶段，其演进时间可以追溯到 20 世纪 90 年代，它是分布式处理、并行处理和网格计算的进一步发展。

云计算被信息界公认为是第四次 IT 浪潮，其优势表现在以下几个方面：

一是摆脱了摩尔定律的束缚，从提高服务器 CPU 的速度转向增加计算机的数量，从小型机走向集群计算机、分布式集群计算机，从而优化了计算机计算速度增长的方式。

二是千万亿次超级计算机曙光"星云"具有大规模数据的计算能力，在新能源开发、新材料研制、自然灾害预警分析、气象预报、地质勘探和工业仿真模拟等众多领域发挥重要作用。

三是具有大规模数据的存储能力，智能备份和监测使系统的稳定性大幅提高，宕机概率减少。

四是以计时或计次收费的服务方式为客户提供 IT 资源，减免客户对于设备的大量采购，而且具有可伸缩的、分布式的设备扩充能力，大大节约了客户信息化建设成本。

将温室、果园、鸡舍等农业动植物生产的环境信息、生物体信息、农机设备设施信息、生产管理信息等实时地接入网络，特别是在无线条件下连接网络，可以方便地实现对动植物的管理，提高生产效益和产品质量。典型的应用有野外无线上网、移动视频诊断、无线温室监控等。担负实时监测功能的传感设备将产生海量的数据，需要更方便、快捷的传输条件和更加智能的计算分析与处理能力，因此云计算对于农业物联网有着低成本、高效率的网络支持、存储支持、分析支持和服务支持的优势。

云计算将无线通信技术中的 GSM、CDMA、SCDMA 等高端通信基础所进行的通信连接，采用软件方式进行了优化，使得通信应用领域延伸到了无线视频会议系统、无线远程交互平台等，大量的多媒体数据负载及负载均衡服务器同样需要云计算的技术支撑，如农业专家远程视频诊断系统将所在地的作物图片、视频音频、温湿度等参数上传到专家诊断平台服务器，专家通过查看农作物的病虫害样本图像，即可于千里之外进行现场诊断和指导。因此农业物联网需要农业云计算的计算支撑，需要无线宽带的通道支撑，而无线宽带应用同时又需要云计算的存储支撑和计算支撑。

根据我国农业信息化的需求搭建和应用农业云计算基础服务平台，不但能够降低农业信息化的建设成本，加快农业信息服务基础平台的建设速度，还能够极大地提升我国农业信息化的服务能力。根据我国农业发展的特点，农业云计算的应用，应当建设农业网站业务服务平台和无线终端农业服务平台，以实现农业农村信息资源海量存储、农产品质量安全追溯管理、农业农村信息搜索引擎、农业决策综合数据分析、农业生产过程智能监测控制和农业农村综合信息服务等功能。

借助云平台，农户只需要一个普通的智能手机，安装一个 APP 即可实现农业生产的云管理。

【应用案例】

农业云案例——相思葡萄的"智能农业监控系统"

背景介绍：

地处中国南疆的广西，是适宜葡萄生长的特殊区域，依靠独特的"一年两收"技术，即使在寒冷的冬天，人们依旧可以品尝到新鲜的优质葡萄。然而，要掌握好"一年两收"的种植技术可不简单，因为生产管理人员需要在葡萄生长过程中及时准确地掌握周边环境温度、湿度、光照强度等环境变化信息，并对高温、低温、高湿、弱光等特殊情况进行及时处理。

在广西众多的葡萄种植企业中，南宁相思葡萄农业科技有限公司正是其中的佼佼者之一。公司的宗旨是打造广西最好最大的精品葡萄观光果园，引领全民健康、时尚的葡萄观光采摘消费，全面带动广西精品葡萄产业的发展。相思葡萄目前拥有自建葡萄园五处，共占地500多亩。相思葡萄以"技术至上"为理念，积极与全国各地高校、实验室学习交流，并且于2012年正式在各大园区投入使用"慧云智能农业监控系统"，充分利用"物联网、云计算、移动互联网"等技术升级传统葡萄种植技术，保证葡萄的品质。

此前，为了保证"一年两收"葡萄的高品质，公司技术人员经常奔走于广西以及海南的各生产基地，详细采集记录各大棚内的温度、湿度、光照强度变化情况，观察葡萄的生长情况，并将采集到的数据上传到电脑，进行人工统计分析。这不仅浪费了人力物力，而且严重影响了技术人员的工作效率。园区分散，给企业管理者对园区的管理带来极大的不便。

建设方案：

"慧云智能农业监控系统"立足现代农业，融入国际领先的"物联网、移动互联网、云计算"技术，借助个人电脑、智能手机，实现对农业生产现场气象、土壤、水源环境的实时监测，并对大棚、温室的灌溉、通风、降温、增温等农业设施实现远程自动化控制。结合视频直播、智能预警等强大功能，系统可帮助广大农业工作者随时随地掌握农作物生长状况及环境变化趋势，为用户提供一套高效便捷、功能强大的农业监控解决方案。系统包括监控中心、报表中心、任务中心。

随时了解农业现场数据：在监控中心可结合园区平面图直观显示农业生产现场的气象数据、土壤数据以及各种农机设备运行状态。

视频图像实时监控：可通过360°视频监控设备以及高清照相机对农业生产现场进行实时监控，对作物生长情况进行远程查看。同时可根据设定，对视频进行录像，随时回放。

远程自动控制：采用全智能化设计的远程控制系统，用户设定监控条件后，可完全自动化运行，远程控制生产现场的各种农用设施和农机设备，快速实现自动化灌溉，以及智能化温室大棚建设。

智能自动报警：根据作物种植所需环境条件，对系统进行预警设置。一旦有异常情况发生，系统将自动向管理员手机发送警报，如高温预警、低温预警、高湿预警等。预警条件触发后，系统可自动对农业生产现场的设备进行自动控制以处理异常情况，或由管理员干预解除异常。

价值所在：

云端模式，随时随地管理：通过使用"慧云智能农业监控系统"，相思葡萄在各生产基地大棚内搭建起无线传感网络，安装传感器、控制器、智能相机等监控设备，土壤温湿度、空气温湿度、风速、风向等，以及园区设备的运行记录、运行状态等数据均通过布置在现场的物联网设备采集上传至云端。技术人员不用在多个园区之间频繁来往，只需要通过手机或者电脑登录智能种植监控系统，就能轻松对分散各地的五个园区进行管理。

系统对数据的采集精准度高，并且数据具有实时性。数据采集上传之后，在云平台中进行分析统计计算，自动生成各种报表。技术人员可便捷参考各项数据，为葡萄种植管理做精准快速的决策。

自动化远程控制，降低人力成本：系统实现了远程自动控制功能，种植管理员可以随时随地通过电脑或者手机登录云平台，实现对现场设备的控制。系统同时可以设定自动控制程序，当有异常情况出现时，系统就会发送警报至管理员手机，同时自动启动设备开关，自动实现远程控制。如监测到葡萄园连续一周的空气湿度超过80%，就会给葡萄管理员发送预警，提醒注意预防灰霉病等疾病；监测到温度接近35℃，系统就会自动打开喷雾降温，防止晒伤葡萄。这不仅保证了葡萄良好的种植环境，同时降低了相思葡萄的人力成本。以相思葡萄南宁葡萄园为例，在使用监控系统前，12亩葡萄园总共需要1名管理人员以及3名工人，每天定时检查大棚的各种种植数据，如种植环境异常，则打开相应设备进行等作业，并手动录入数据作为存档。在使用监控系统后，南宁葡萄园取消了管理人员，并减少1名工人。管理人员被调往武鸣葡萄园，同时通过手机云端管理南宁葡萄园。

（资料来源：硅谷动力网站）

第三节　农业大数据

党的十八大以来，党中央、国务院高度重视数字农业农村建设，作出实施大数据战略和数字乡村战略、大力推进"互联网+"现代农业等一系列重大部署。2019年，农业农村部、中央网络安全和信息化委员会办公室制定了《数字农业农村发展规划（2019—2025年）》，提出构建基础数据资源体系，重点建设农业自然资源、重要农业种质资源、农村集体资产、农村宅基地、农户和新型农业经营主体等五类大数据，夯实数字农业农村发展基础。农业大数据的重要性日益凸显。

农业大数据是融合了农业地域性、季节性、多样性、周期性等自身特征后产生的来源广泛、类型多样、结构复杂、具有潜在价值，并难以应用通常方法处理和分析的数据集合。它保留了大数据的基本特征，并使农业内部的信息流得到了延展和深化。

农业大数据是大数据理念、技术和方法在农业的实践。农业大数据涉及耕地、播种、施肥、杀虫、收割、存储、育种等各环节，是跨行业、跨专业、跨业务的数据分析与挖掘以及数据可视化。

农业大数据由结构化数据和非结构化数据构成。随着农业的发展建设和物联网的应用，非结构化数据呈现出快速增长的势头，其数量将大大超过结构化数据。

农业大数据的特性满足大数据的五个特性。一是数据量大，二是处理速度快，三是数据类型多，四是价值大，五是精确性高。

农业大数据包括以下几种：

一是从领域来看，以农业领域为核心（涵盖种植业、林业、畜牧业等子行业），逐步拓展到相关上下游产业（饲料生产、化肥生产、农机生产、屠宰业、肉类加工业等），并整合宏观经济背景的数据，包括统计数据、进出口数据、价格数据、生产数据、气象数据等。

二是从地域来看，以国内区域数据为核心，借鉴国际农业数据作为有效参考；不仅包括全国层面数据，还涵盖了省市级数据，甚至地市级数据，为精准区域研究提供基础。

三是从粒度来看，不仅包括统计数据，还包括涉农经济主体的基本信息、投资信息、股东信息、专利信息、进出口信息、招聘信息、媒体信息、GIS 坐标信息等。

四是从专业性来看，应分步实施，首先是构建农业领域的专业数据资源，其次应逐步有序规划专业的子领域数据资源，例如，针对肉鸡、蛋鸡、肉牛、奶牛、肉羊等的专业监测数据。

参考书目

［1］中国电信智慧农业研究组.智慧农业——信息通信技术引领绿色发展［M］.北京：电子工业出版社，2013.

［2］裴小军.互联网＋农业：打造全新的农业生态圈［M］.北京：中国经济出版社，2015.

［3］宋洪远，赵海等.中国新型农业经营主体发展研究［M］.北京：中国金融出版社，2015.

［4］黄家章.我国新型农业科技传播体系研究［M］.北京：中国农业科学技术出版社，2012.

［5］黄祖辉，陈龙.新型农业经营主体与政策研究［M］.杭州：浙江大学出版社，2010.

［6］金海年.2049：中国新型农业现代化战略［M］.北京：中信出版社，2016.

［7］张培刚，发展经济学研究基金会组 . 新型工业化、城镇化、信息化与农业现代化协同发展：纪念张培刚先生百年诞辰学术研讨会暨第七届中华发展经济学年会文集［M］. 武汉：华中科技大学出版社，2014.

［8］左晓斌 . 新型农民农业技术综合培训教程［M］. 北京：中国农业科学技术出版社，2012.

［9］唐仲明等 . 休闲农业经营——新型职业农民技能培训丛书［M］. 济南：山东科学技术出版社，2014.

［10］朱再，苏占军，康占海 . 生态农业与美丽乡村建设［M］. 北京：中国林业出版社，2016.